JN023702

新基礎化学実験法

2024

大阪大学化学教育研究会 編

学術図書出版社

ま え が き

　自然現象の理解のためには，自然科学の知識の習得のみならず，実験を通じて自然現象を直接観察することが重要である．知識と観察との関連性を深く考察することにより，自然を科学的に思考できるようになる．科学的思考により新たな知識を創出し，発見・発明に導かれる．この知の循環において，実験は欠かせないものとなっている．大学初学年次において，化学の講義科目と実験科目が課せられていることは，こうした自然現象の知の循環を体験することで科学的思考スキルを身につけることが必要となっているためである．特に，物質を取り扱う化学・物理・材料・電気等の理工系学生および生命を取り扱う生物・医学・薬学等の医薬系学生にとっては，科学的思考スキルのみならず実験の安全・倫理の基礎を身につけておくことが要求されている．

　大阪大学では，長年のあいだ化学実験に関する実験書を出版してきた．1970年に『基礎化学実験』(大阪大学教養部化学教室編, 1970) を出版し，以降約20年間に渡り第5版まで改訂を重ねてきた．しかし，年月の経過に伴い内容の見直しを行い，1992年に『基礎化学実験法』(大阪大学化学教育研究会編, 1992) を発行するに至った．1994年の教養部改組に伴い，化学教室は解体されたが，その化学教育の精神を受け継いだのが化学教育研究会であった．大阪大学は2004年4月に国立大学法人へと移行したが，大学初年次における化学実験の重要性は益々高まっている．その後，約30年間近くに渡り，時代に合わせた内容修正を繰り返し，2019年には第29刷を数えることとなった．ところが，大阪大学では四学期制が導入されることで，2019年度から化学実験はセメスター科目からターム科目へと様変わりをすることとなった．初等中等教育でも探究学習が導入されることで，探究という名の下での実験教育が既に始まっている．この時代の変化に合わせるべく，本書『新基礎化学実験法』を出版することとなった．

　本書は，大阪大学の化学教育の蓄積をベースとしており，『基礎化学実験』および『基礎化学実験法』の流れを汲むものとなっている．ターム科目としての実施に合わせて，掲載する実験テーマは厳選することとした．さらに，理学部

1 年生対象としていた自然科学実験のテキスト『自然科学実験 1』(大阪大学理学部自然科学実験編集委員会編, 2006) から 2 テーマ (ステアリン酸の単分子膜, せっけんの合成) を新たに採用した. また, 用いる実験器具・装置・試薬や実験操作を現状と合うように一部修正した. 化学実験の安全性への配慮と注意に関しては, 以前のものと同様に十分なスペースを割いた. 過去 50 年間の蓄積を現在の化学教育の理念に適合させたものが本書であると言える. かつての『基礎化学実験』『基礎化学実験法』『自然科学実験 1』の編集と執筆にあたった方々に心から敬意を表する.

　また, 出版に際して, 私どもの希望を快く受け入れて下さった学術図書出版社発田孝夫氏に対して深く謝意を表したい.

　2020 年 2 月

大阪大学化学教育研究会

執筆者・編集者として関わった者 (五十音順)

2024 年：山口 和也

2022 年：北河 桂子, 馬原 具, 山口 和也, 吉田 成美

2020 年：谷 洋介, 西井 祐二, 布谷 直義, 宮崎 裕司, 山口 和也, 山田 剛司,
　　　　　吉成 信人

目　　次

第5章　無機化学実験

本文中の

1), 2), …は参考書，巻末にまとめてある

注1，注2，…は実験操作上，特に注意すること

＊1，＊2，…は註

1 ||||||||||||||||||||||||||||||||||||||||||||||||||||||||||||||||||||||||||||||||||||||||||||||||||||||||

は じ め に

1–1　化学実験とは

　自然界にある多くの物質は，生命現象を含めた自然現象の主役である．多種多様な物質のうち，水素分子や酸素分子あるいはメタンなどの単純な化合物については，分子の構造や反応性などを理論的に説明できるようになってきた．化学便覧など [1-6] を利用すれば，かなりの数の化合物について，構造式ばかりではなく融解熱，融点，密度，イオン化ポテンシャルなどのデータを得ることができる．しかし，少し複雑な化合物となると分子の性質や結晶などの物理的性質は，実験をして調べなければならない．反応性などの化学的性質は，単純な化合物でも条件によっては予期しないことが起きるので，種々の条件で実験して確かめる必要がある．

　化学において実験を行うのは，単に不足しているデータをとるためだけではない．化合物を特別な状態において，新しい性質や構造をもつ化合物を合成し，新しい性質が発現するのを見出したり，化合物が従う新しい法則を発見できるからである．たとえば，高温・高圧状態にすれば，既知の反応生成物に混じって未知の化合物が生じるのを見出すことがある．一度，ある特別な条件下で新しい反応を見つければ，その反応を起こしやすい器具 (装置) と方法が開発され，その実験方法の開発・改良がさらに新しい化合物の発見を促す．新しい性質をもつ化合物は深海底，火山の噴火口や宇宙空間よりも，第一線の化学実験室から発見されている．

　それでは，化学実験では何をするのであろうか．それは次のようにまとめら

れる.

① 無機化合物や有機化合物などを合成・精製し,

② 化合物の構造や反応性などの化学的性質を調べ,

③ 化合物の熱的, 電気的, 磁気的, 光学的な性質を測定する.

化学・材料系はもちろん, 生物・医学・薬学系, 物理・電気・機械系の科学者・技術者にとって物質を扱う化学実験が欠かせないことは明らかである. 化学実験を行う間に, たくさんの純粋な物質がさまざまな性質を呈するのを自らの眼で見, 自らの手で触れるであろう. 美しい色と輝きをもつ結晶, よい香りをもつ液体, 磁気を帯びた固体, 不活性な気体ばかりでなく, 爆発性・自然発火性・可燃性などの性質をもつ気体, 毒物や劇物などを安全に取り扱うことも経験するであろう.

化学実験では, 課題を達成するうちに化学実験に用いられる基本的な実験法を学ぶはずである. それは, 化学変化を起こさせる合成法, 物質を純粋にする精製法と化学的・物理的性質の測定法である. 化学実験の一つの特徴は, 扱う物質によってその実験方法をかなり変えなければならない点である. 合成反応の場合には, 出発物質と生成物の性質を知らずに, 用いる器具 (装置) と反応条件を選ぶことはできない. 主反応生成物に混じって副生成物が生じる場合は, 両者の性質の相違を知らないで分離精製法を選ぶのは難しい. 実験を始める前に, たとえ実験の手順と実験方法が十分理解できなくとも, 選ばれている合成法の一つ一つの操作を行う前に何が起こるかを予想しよう. 予想を立て, 注意深い観察と豊かな想像力をもって合成反応を進めるならば, 起こった変化を見落とすことなく, 次第にその実験方法がその化合物の合成に適していることに気づくであろう.

反応性や溶解性などの化学的性質や物理的性質を測定する場合に, 実験計画が立てられるほど測定する性質になじみがないかもしれない. せめて, 実験を始める前に測定値がどの程度になるか予測してみよう. そして, 得られた実験値と予想値を比較してみる. 実験を進めるに従って, 測定法と測定値の意味が明瞭になるはずである.

実験は予想どおりに進まないことが多い. 器具 (装置) が不完全な状態であっ

たり，操作を誤ったり，化合物が変化していたのかもしれない．異常が起こったことに早く気づけば，いったん実験をやめて原因を突きとめ，変更を加えて実験を継続することができる．

　化学実験の結果は報告され，いつの日か社会全体の知的財産とみなされる．新しい事実が見つかった場合は，特に正確な記録を残さなければならない．はじめは 2, 3 の化合物で疑わしげに報告された実験結果が，それを契機に，他の人々によって追実験され，普遍性を認められることが多い．実験報告には，行った実験を記録し，得られた結果とそこから導いた結論を書く．さらに次の実験のプランを書くように要求されることもある．

1–2　実験の準備をする

　化学実験には，化合物の合成と精製，物質の構造や化学的性質と物理的性質の測定などの課題がある．その課題を達成しつつ，化学の実験方法を学ぶのが化学実験の目的である．前節に記したように，化学の実験方法は対象とする化合物によって変わってくる．1 回の化学実験では取り扱う化合物は限られているから，本実験に先立って予備的な実験を行い，化合物にふさわしい実験方法を選び，実験計画を立てる．しかし，それには実験方法の特徴と化合物の性質を知らなければならないし，試行錯誤が許される時間がなければならない．時間が限られている場合には，インストラクターによってすでに最適の実験方法が選ばれ，実験計画が立てられていることが多い．そのような場合には，せめて，実験のフローチャートを書いて，一つ一つの実験手順で試料に何が起こるか予想を立てておこう．測定実験なら試料の個々の測定値がどの程度になるかを予測し，化合物の性質を予想しておこう．

　実験室には，器具 (装置) と試薬や試料が用意されている．器具を組み立てて装置を作り，試料を必要量とって実験を開始できる．純度の高い市販の試薬を用いて調製した試料が用意されていたり，特別に設計された器具や装置が十分にテストされ，準備されている場合もある．1 回の化学実験の時間が限られているからインストラクターがやむをえず準備したものである．

1–3　各自が用意するもの

　化学実験テキスト，実験のフローチャートや記録を記す実験ノート，データ
を図に示す方眼紙，直定規，計算に使う電卓，ボールペンなどの筆記具，手拭
き用タオル，時計は各自が用意する．

　化学実験では，化学作用の激しい試薬，可燃性の試薬，電気および電動器具
を使う．試薬などから身体を守るために，保護眼鏡とゆったりとした実験衣，敏
捷に動ける靴，長い髪を束ねるバンドが必要である．合成繊維の肌着は着用し
ないほうがよい．

2 |||||||||||||||||||||||||||||||||||||||||||||||||||||||||||||||||||||||||||||||||||||||||||||||||||||

化学実験室では

2–1　実験室に入ったら

　実験室に入ったら，自分の実験台を確認し，電源，ガス，水道の位置，ドラフト，出入口など実験室全体の構造と，器具，試薬，装置の配置を頭に入れる．それからスムーズに実験を進められるように，実験に必要な器具，試薬，装置をそろえる．

　実験台の上や周辺を乱雑にし，汚れたままにしておくと，不純物の混入による誤った結果をまねいたり，実験がはかどらないだけでなく，事故につながることもあるので，清潔にし整理整頓に留意する．また，濡れた床は滑りやすいので，水などをこぼしたときはただちに拭き取っておく．

　実験が終わったら，器具を洗浄して所定の場所に返却し，装置を実験開始時の状態に戻す．実験台の上を掃除し，電源のスイッチを切り，水道とガスの栓を元栓まで閉める．

2–2　実　験　器　具

　化学実験によく用いられる実験器具を図 2-1 に示す．器具の使用法や実験装置の組み立て方については第 4 章で述べる．

ガラス器具の洗浄

　器具の洗浄は，外部が汚れていては内部の様子がわからないので，内側より先に外側を洗う．まず水洗し，次にブラシかスポンジに洗剤や固体の炭酸水素ナトリウムを含ませて，汚れをこすり落とす．ただし，メスシリンダーなどの

ビーカー　　　三角フラスコ　　　ナス型フラスコ　　丸底フラスコ
　　　　　　（エルレンマイヤー
　　　　　　　フラスコ）

平底フラスコ　　　三ツ口フラスコ　　　枝付きフラスコ　　クライゼン
　　　　　　　　　　　　　　　　　　　　　　　　　　　　フラスコ

メスシリンダー　メートルグラス　駒込　　滴瓶　　試薬瓶　　洗瓶
　　　　　　　　　　　　　　ピペット

図 2-1(a)　実験器具

---

*　共通すり合せガラス器具 (すり合せの継手を備え，ゴム栓やコルク栓を使用せずに連結で
　きるガラス器具).

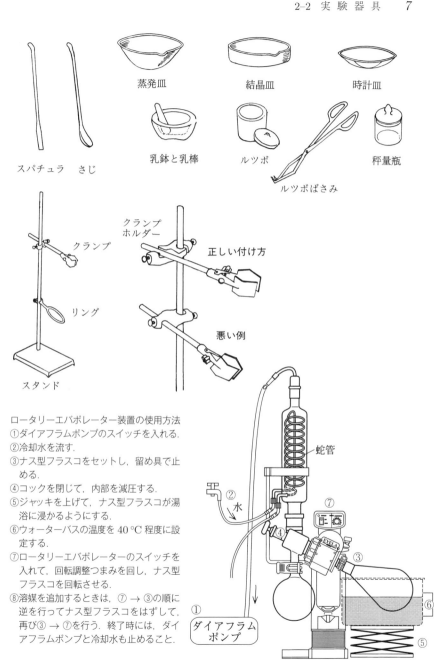

スパチュラ　さじ

蒸発皿

結晶皿

時計皿

乳鉢と乳棒

ルツボ

ルツボばさみ

秤量瓶

クランプ

リング

スタンド

クランプ
ホルダー

正しい付け方

悪い例

ロータリーエバポレーター装置の使用方法
①ダイアフラムポンプのスイッチを入れる.
②冷却水を流す.
③ナス型フラスコをセットし，留め具で止める.
④コックを閉じて，内部を減圧する.
⑤ジャッキを上げて，ナス型フラスコが湯浴に浸かるようにする.
⑥ウォーターバスの温度を 40 ℃ 程度に設定する.
⑦ロータリーエバポレーターのスイッチを入れて，回転調整つまみを回し，ナス型フラスコを回転させる.
⑧溶媒を追加するときは，⑦ → ③の順に逆を行ってナス型フラスコをはずして，再び③ → ⑦を行う．終了時には，ダイアフラムポンプと冷却水も止めること.

蛇管

水

ダイアフラム
ポンプ

図 2-1(b)　実験器具

容量容器はキズがはいらないように，ブラシは使用しない．有機物による汚れの場合はアルコール，アセトンなどの有機溶剤で洗い落とすこともできる．さらに落ちにくい汚れは，適当な濃度の酸 (塩酸など) やアルカリ (アンモニア水など) の化学作用を利用する．また，超音波洗浄器を使用すると効果的である．ガラス器具がきれいになれば，その表面で水が一様に広がり，水がはじかれてむらが生じることはない．最後に，少量の精製水で 2, 3 回すすぐ．

器 具 の 乾 燥

　洗浄したガラス器具は，水きりカゴまたは乾燥台上で水滴が垂れるように置いて自然乾燥させるか，十分水きりしたのち電気乾燥器に入れて加熱乾燥する．ホールピペットやメスシリンダーなどの容量容器，試薬，試料，熱に対して弱いプラスチック製の器具，ガラス器具についているゴム栓やゴム管などを電気乾燥器に入れてはいけない．

　容量容器は洗浄後，自然乾燥させる．ただし，試料溶液が有機溶媒の場合には，使用した容量容器は水洗した後，洗剤につけておく．使用する際には，まず水道水で洗剤をよく洗い流し，次に精製水で洗う．そのあとで，器壁についた水で試料溶液が薄められないように，器具の内壁を濡らす程度の少量の試料溶液で数回すすぐ (これを共洗いという)．

破損器具の処理

　実験中に誤ってガラス器具を破損した場合には，その破損の程度が小さければ修理して再使用できるので，廃棄してはいけない．破損の程度が大きくて修理不可能な器具は，指定された廃棄容器に捨てる．ガラスの破片でけがをしないように，きれいに掃除をする．また，指導者に必ず報告する．

2–3　試料の調製と試薬の取り扱い

　通常の試料は市販の試薬を用いて調製する．市販の試薬には，特級，一級などと純度の等級が表示されているが，これには JIS 規格や各メーカー独自の基準による等級があり，その内容は画一的には定められていない．したがって試

料を調製する際には，試薬瓶に表示されている不純物の種類と混入量を確かめて，目的に合った純度のものを使用する．高純度の試薬や，正確に濃度を標定した試薬など多様な要求に応えた特殊試薬が市販されているから，それらを利用することも可能である．試薬を取り扱う際には，前もって試薬の物理的・化学的性質を参考書などで調べておこう [1-6]．

固体試薬と液体試薬の秤量

　試薬の秤量には，調製する試料の量と要求される精度に適した天秤を使用する．正確な秤量が要求されるときには秤量瓶を用いる (p.7 参照)．通常の秤量には，固体は天秤の皿の上にビーカーか時計皿をおいて秤量し，液体はビーカーなどの適当な容器を用いる．その際に天秤の皿を汚さないよう注意する (天びんの使用の前後に皿の上を清掃するのがのぞましい)．試薬を秤量した後は，試薬瓶などの容器のふたを間違えないように注意し，正しく閉めておく．

　固体試薬を瓶から取り出す際には，試薬用の薬サジを使用する．爆発性の試薬には金属製のサジやスパチュラを用いないほうがよい．また，腐食性の試薬には金属製のサジは使用しない．それぞれに適した薬サジを使わないと，試薬を汚染したり，事故につながる危険性があるので注意を要する．

酸・アルカリの市販品からの希釈

　酸やアルカリの試薬としては，表 2-1 に示すような濃度のものが市販されている．一般には，これらを精製水 (備考参照) で薄めて目的に合った濃度の溶液

表 2-1　市販の酸・アルカリ試薬の濃度一覧

試　薬　名	モル濃度*	重量パーセント
濃　　塩　　酸	11–12	35
濃　　硝　　酸	13–14	61
濃　　硫　　酸	18	97
濃アンモニア水	14–15	28

* モル濃度は，試薬の重量パーセントで表示されている含有率の下限値と試薬瓶に表示されている比重とを用いて算出した．したがって正確な値ではなく，おおよその目安となる値である．

をつくって使用する．希釈の際に発熱するものや突沸するものがあるので，十分に注意して，以下のような方法で希釈する．

　所定の量の精製水を入れた容器を冷水あるいは冷却剤 (p.35 参照) につけ，必要量の酸あるいはアルカリをよく撹拌しながら静かにゆっくりと加えて希釈溶液を作る．標準溶液など正確な濃度の液を使用するときは，濃度を標定する必要がある．

【備考】　精　製　水

　水は最も入手しやすい液体であり，さまざまな物質を溶かすすぐれた溶媒であるが，通常の水道水には種々の不純物が溶け込んでいる．したがって，水を器具の洗浄の仕上げや溶媒に使用する場合には，精製水を使用しなければならない．

　水道水には，塩素および塩化物イオン，カルシウム，マグネシウム，鉄などの陽イオン，有機化合物や浮遊物などが含まれている．通常は水道水をイオン交換樹脂に通すか蒸留して精製する．非イオン性物質や浮遊物を除去するには，活性炭ろ過を併用する．最近では膜素材を用いた，逆浸透法など高純度の水を得るさまざまな方法が開発されているから，コストと目的に見合った精製水をつくることが可能である．

気　体　試　薬

　よく使用される気体試薬はボンベにつめて市販されている (表 2-2)．ボンベ

表 2-2　主なガスボンベ

ガス	化学式	ボンベの色	ねじの向き	性　質		
ヘリウム	He	灰	左			
アルゴン	Ar	灰	右			
水素	H_2	赤	左	可燃性		
窒素	N_2	灰	右			
酸素	O_2	黒	右			
塩素	Cl_2	黄	右		毒性,	腐食性
二酸化炭素	CO_2	緑	右			
アンモニア	NH_3	白	右	可燃性,	毒性,	腐食性
二酸化硫黄	SO_2	灰	右		毒性,	腐食性
塩化水素	HCl	灰	右		毒性,	腐食性
硫化水素	H_2S	灰	左	可燃性,	毒性,	腐食性

の内圧は最高 150 気圧になるものもあるので，必ずキャップを付けて運搬し，実験室内では専用の架台に固定する．ボンベに入った気体試薬を使用する際には，まず充填されている試薬の種類を確認する．ボンベの色および気体の出口のねじの向きは，気体試薬の種類によって決められている (表 2-2)．使用する際には，必ず専用の減圧調整器を接続して流量を調節する．毒性や可燃性の気体試薬は，必ずドラフト (p.12 参照) 内で使用する．実験室内で使用する場合には換気に十分注意する．

　無機化学実験で必要となる硫化水素は，以下の方法で発生させる．二又管 (図 2-2) を用意し，鉄製の乳鉢で硫化鉄を適当な大きさに砕いたものを二又管の一方に管の長さの 1/3 程度までつめ，もう一方の管に，市販の濃塩酸を 2 倍に希釈したものを管の容量の半分程度まで加える．使用するときは，塩酸を硫化鉄に注いで硫化水素を発生させ，直接試料に導入する (図 2-3)．硫化水素は人体に有害な劇物であり，空気よりも比重が大きいので，これらの操作は必ずドラフト中で行わなければならない．また，使用後は二又管を傾けて硫化鉄と塩酸を分離しておく (汚染を防ぐため，使用後は導入管もはずしておく)．

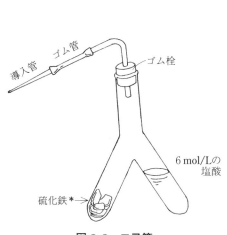

図 2-2　二又管

* 硫化鉄は直径 0.5–1 cm の大きさに砕き，粉末にしてはいけない．

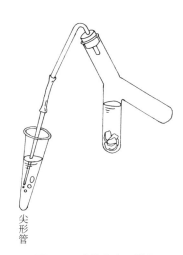

図 2-3　硫化水素の導入

有毒物質と危険物の取り扱い

　化学実験室では，化学反応の原料や反応生成物として，生活環境の中ではほんのわずかしか存在しない物質を取り扱うことがある．それらの中には，人間にとって必要不可欠なものがある一方で，有毒で危険な性質をもつものも多い．また，反応の途中で反応性に富んだ物質や有害な物質を生じることがある．初めての物質を取り扱ったり，反応を行わせるときには，前もって辞典など [1-6] でその物質の性質や反応性などを調べ，実験ノートに記しておこう．**毒物，劇物，発ガン性，爆発性，自然発火性，禁水性，引火性，腐食性**などの記載があれば細心の注意を払う必要がある [7-10]．

　シアン化カリウムは致死量が 30 mg 以下/体重 1 kg の毒物に属する．この水溶液はアルカリ性であるが，酸を加えると猛毒のシアン化水素ガスを発生するので，絶対に酸性にしてはならない．毒性の強い塩素や硫化水素が発生する反応を行う場合や，刺激性の塩化水素が発生する濃塩酸，悪臭を放つメルカプタン類などは必ずドラフト内で取り扱わなければならない．

　ドラフトとは強制排気設備をもった実験台のことである．ドラフトを使用するときは，前面のガラス戸の開きは必要最小限にとどめて排気を効果的に行う．実験終了後も換気を続け，ドラフト内の有毒物質などが空気に置換された後に電源スイッチを切る．

　ニトロベンゼンやアニリンは致死量が 30–300 mg/体重 1 kg の**劇物**に属する．多量に扱うのは避けるべきである．

　失明の危険性があるアルカリ，皮膚を侵す硝酸や硫酸などの**腐食性**薬品を扱う場合には，保護眼鏡をかけ実験衣を着て肌を隠して，万一に備えなければならない．また，コンタクトレンズを使用している者も，眼に薬品が入ったとき手早く除去できないので，必ず保護眼鏡をかけるべきである（これらが眼に入った場合には，速やかに洗眼器などを使って洗眼した後，病院などへ行って検査を受けた方がよい）．

　過塩素酸塩や硝酸塩などの**爆発性**物質に，可燃性の有機物を混ぜると爆発するときがあるので，混在は避けたほうがよい．また，爆発性物質は機械的なショックによっても爆発が誘発されるときがあるので，取り扱いに十分注意しなけれ

ばならない.

　発火温度が低く，空気中・室温で**自然発火**する黄リンは，空気を絶って水中に保存しなければならない.マグネシウムの粉，箔のような，少し高い温度で発火する金属粉には不用意に熱を加えてはいけない.

　金属ナトリウムと水は激しく反応して水素を生成し，その際の反応熱で水素がただちに発火する.このように，水との反応で高熱を発生する物質は，**禁水性**であるから，水との接触を避けることが大切である.

　引火点が室温付近の液体を実験台で扱うときは，近くに火種のないことや風向きなどを確かめる必要がある.さらに，引火点が0℃以下のエーテルやアセトンなどの**引火性**液体を取り扱うときは，ドラフトを用いれば安全である.

　有毒物質や危険物を取り扱う際には，その危険性を近くの人に周知徹底しておくべきである.火災防止については，次節を参照のこと.

使用済み薬品の処理

　実験で使用する薬品の中には，そのままでは水に流すなどの廃棄ができないものもある.廃棄処理は，法律によって規制されているもの (表 2-3) に限らず，

表 2-3　水質汚濁防止法による排水基準*

	許容限度/mg L^{-1}		許容限度/mg L^{-1}
水素イオン	(pH 5.8–8.6)	カドミウム	0.03
ホウ素	10	水銀	0.005
フッ素	8	アルキル水銀	検出されないこと
クロム	2	鉛	0.1
六価クロム	0.5	有機リン化合物	1
マンガン (溶解性)	10	シアン化合物	1
鉄 (溶解性)	10	ベンゼン	0.1
銅	3	フェノール類	5
亜鉛	2	PCB	0.003
ヒ素	0.1	ジクロロメタン	0.2
セレン	0.1	四塩化炭素	0.02

*　この表にあげた化合物以外にも，有機塩素化合物や農薬など，排水基準の規制値が決められているものがある.

すべてを注意深く行うべきである．重金属イオンを含むものは廃液溜に保存する．指定された有機物，クロムイオン，水銀イオンを含むものはそれぞれ専用の廃液溜に保存する．シアン化物イオンを含む廃液はアルカリを十分加えた廃液溜に保存する．強酸や強アルカリは炭酸水素ナトリウムなどで中和した後に流しに流すようにする．タール状の物質，水と反応する物質や可燃性の物質は，必ず指定された方法で処理するか貯蔵する．

2–4　実験室内の安全のために

　化学実験室内の事故は火災と薬品によるものが多い．薬品による事故では，直接薬品による災害はまれで，ほとんどが火災や爆発を伴うものである[7-10]．

　事故や災害によって実験室が猛煙に包まれることもあるから，消火器の位置や退避路などは普段から確認しておくべきである．薬品を浴びたり，衣服に火がついたときのために，実験室内や近くの廊下にシャワーが設置されている．前もって，その設置場所と使用法を確認しておく．

　事故が起こったときにあわてると，災害を大きくする．事故を起こした当人はかなり興奮しているので，当人よりむしろ近くにいる人々が冷静に適切な処置をとり，ただちに指導者に通報し，その指示に従う．

火災防止の注意

① 　バーナーは使い終えたら，ただちに消す．たとえ，しばらくしてから再び使用する場合でも，点火したままにしておいてはいけない．

② 　試薬や試料をバーナーのそばに置かないこと．

③ 　溶媒の蒸気は一般に空気よりも重く，実験台上を流れていくので，実験台でのバーナーの使用には特に注意しなければならない．

④ 　液体を加熱沸騰させるときには，必ず新しい沸騰石を加える (p.34 参照)．そうしないと，突然激しい沸騰 (突沸) が起こって液がフラスコから噴出することがある．

火災の処理

① まず落ち着いて，ガス・電気を止める.

② 可燃性の溶媒や危険物を遠ざける.

③ 炎が小さいときや，火がフラスコや瓶の口で燃えているときは，濡らした布などをかぶせて消火する.

④ 炎が大きなときは，水を使用しないで消火器を使う. 消火器の種類については，表2-4を参照すること.

⑤ 衣服に火がついたときは，走ってはいけない. 当人は床の上にころがり，周囲の者が消火器や水で火を消す. 近くにシャワーがあれば浴びる.

表 2-4　消火器の種類と特徴

種　類	使用区分	特　徴
炭酸ガス消火器	BC	主成分は液化二酸化炭素で，機材類を汚損することなしに消火できる.
粉末消火器	ABC	主成分はリン酸塩類で，消火効果が大きいので，一般に広く用いられるが，微粉末が飛散するので，機材類に影響が残る.
強化液消火器	ABC	主成分は炭酸カリウム濃厚水溶液 (強化液) である.

A：普通火災用 (白色の円型標識)，B：油火災用 (黄色の円型標識)，C：電気火災用 (青色の円型標識)

薬品による災害の処置

薬品による災害が起こっても，ただちに応急処置を行えば，ほとんど被害を受けずにすむ場合が多い. ただし，薬品が高温であれば，その作用は激烈であるから，1秒でも早く処置しなければならない. また，被災直後には大した自覚症状がなくても，薬品によってはあとになって大きな障害を与える硫酸のようなものもある. 薬品が触れたことに気づいたならば，ただちに十分の応急処置をすべきである.

皮膚に付いたとき　腐食性薬品による障害は秒を追ってひどくなるので，薬品が何であってもただちに，大量の流水で15分間以上洗う. 指の間や深いし

わに薬品が残りやすいので，特に念入りに洗うこと．

　フッ化水素や硝酸，強アルカリ，臭素や過酸化水素水などは，水で洗ったのちに，酸のときは炭酸水素ナトリウム水溶液，アルカリのときは希酢酸またはホウ酸の水溶液，酸化剤のときはチオ硫酸ナトリウム水溶液で中和する．

　薬品で生じた傷には軟膏類を塗ってはならない．皮膚にしみ込んだ薬品が内部に浸入して組織を破壊するからである．

　眼に入ったとき　　水道の蛇口に付けたゴム管を利用して水を上向きに噴出させて，少なくとも 15 分間は洗う．

　口に入ったとき　　ただちに吐き出し水で何度もうがいする．どんな毒物でも，飲み込みさえしなければ，全身的障害を起こすことはない．万一飲み込んだ場合は，胃の洗浄をする．シアン化物以外は十分にその余裕がある．

　有毒ガスを吸入したとき　　ただちに室外に出て，静かに横になる．重症であれば，酸素吸入などの処置をする．

　衣服に付いたとき　　ただちに衣服を脱いで水で洗う．希硫酸などは，付着した直後には異常がなくても，あとになって衣服がボロボロになることがあるから，たとえ薄い酸であってもよく洗ってから中和しておくほうがよい．

火傷と切り傷の処置

　熱したバーナー，鉄製三脚，ガラス管，ガラス器具，温度計などに，うっかり触れて火傷になることが多い．その他，オイルバスや液体の突沸なども火傷の原因になる．軽い火傷のときは，流水で火傷部を 20 分程度冷やす．

　化学実験中の切り傷の大部分はガラスによるものである．特に注意しなければならないのは，ゴム栓にガラス管を差し込むときである．ガラス管を差し込むときには，穴のあいたゴム栓を片手に持ち，先端を焼きなましたガラス管を水やアルコールなどで濡らして，先端近くを他方の手で握り，ガラス管を回しながらゆっくりと押し込む．このとき，左右の手を離して押し込むとガラス管がこわれて，勢いあまってぐさりと手を突き抜くことがある．

　火傷や切り傷を負ったときには，ただちに応急処置をして，指導者に通報する．

3

実験の記録とレポートの書き方

3–1 実 験 ノ ー ト

　実験計画を立て実験の準備をするとき，化合物の合成や分析をするとき，化学反応や物性を測定するとき，実験結果を考察するときなど，実験のあらゆる段階で実験ノート (記録) をとることが不可欠となる．次に，この実験ノートについて簡単に説明する[11, 12]．

　実験ノートの形式に定まったものはない．実験者個人が工夫する部分が多い．

　実験中にノートをつける場合，水や薬品などがかかることがあるので，筆記具として油性のボールペンを用いたほうがよい (鉛筆は消しゴムなどで消して書き直すことができるので，避けた方がよい)．市販品でよいので，きちんと綴じられた専用のノートを用いる．レポート用紙やルーズリーフなどは，ちぎれたりして紛失する可能性があるので用いない．実験テキストの余白や紙片にメモ書きするのは，絶対にやめるべきである．

　ここで，書き方の一例をあげる．

　まず，表紙に所属 (学部・学科・番号)，氏名，使用期間 (開始日～終了日) などを記入する．実験を始める前に予習を行い，実験ノートにまとめる．左右2ページ単位で使用し，左側には実験テーマ，目的，準備する薬品・器具・装置，それらの特性や注意すべき点，実験計画，合成実験ではフローチャート (図3-1)，結果の解析に必要な式，などをあらかじめ記入しておく．

　右側のページに，実際に行ったことや観察したことをその場でただちに書き記す．そのときに時刻も併記する．実験日，気象条件 (気温・湿度・気圧など)，環

境設定，試薬の名称，溶媒や濃度も忘れずに記載する．反応の途中や測定中に起こるいろいろな現象の観察，あるいはビュレットの目盛や合成の出発物質の量など生のデータ (数値) を記録する．さらに，実験途中で気がついたアイデアやデータの解析 (計算) もすべて書き残すようにする．

　時間変化や条件変化をさせながら，同じような測定を繰り返す測定実験ではデータを記入する表を作る．そのときに同時に測定が必要な実験条件を記入する欄や，測定値からの計算結果を記入する欄も前もって作っておく．

　記載したデータなどを訂正するときは，消しゴムなどで消さず，元の数字が見えるように，2 本線を引いて修正する．解析を進めると，元のデータのほうが正しいことがあるからである．

　物理化学や分析の実験では，測定データをその場で図にすると，起こっている現象を具体的にとらえることができるので，ノートばかりでなく方眼紙も必需品になる．

　観察や測定を行いながら記録していくので，きれいに書く必要はないけれども，実験ノートや図をもとにして，あとで共同実験者や指導者と結果や考察について議論するときに困らないように書くのが望ましい．

　次に述べる実験レポートは，手まめに書き込まれた実験ノートからしか生まれない，といっても決して過言ではない．

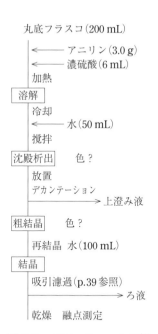

図 3-1　フローチャートの例

3-2　レ ポ ー ト

なぜ書くのか

　第 1 章でも述べたように，自分の特殊な発見や実験結果を報告し，他の人々

によって再現性・普遍性を認められてこそ，その実験結果は社会全体の知的財産とみなされる．すなわち，実験レポートを書いて，初めてその実験が意味をもつといえるのである[11, 12]．

　たとえ最初の目的とは違った結果が得られたとしても，単に失敗としてかたづけるのではなく，自分の実験方法についての問題点や次回の実験プランを考える際の重要なヒントを見出すべきであろう．

何を書くのか

　書くべき材料は，すべて実験ノートの中にあるといってよいであろう．自分が行った実験の記録，得られた結果とそれを考察して導いた結論を中心に書けばよい．

　化学実験のレポートに書く項目としては，

① 　実験題目 (具体的でかつ簡潔に)

② 　実験者の所属 (学部・学科・番号) と氏名 (共同実験者も併記する)

③ 　実験日 (年月日，天候，気温，湿度など)

④ 　目的 (序)

⑤ 　実験 (試料の調製，実験装置，実験方法など)

⑥ 　結果

⑦ 　考察

⑧ 　結論

⑨ 　参考文献

などがあげられる．

　以上の項目すべてが必要であるとは限らないし，独立に書く必要もない．たとえば，実験と結果，あるいは，結果と考察をまとめ，結論をその中に書くほうが理解しやすい場合もある．

　なお，実験に対する個人的な反省や感想は，実験ノートのほうに書き残しておけばよい．

どのように書くのか

　まず，自然科学系のレポート全般に共通した書き方に関する一般的な注意を述べておこう[*1]．

　レポートを書くときには読者を想定する．そうすれば，上述の各項目について，どの程度の内容をどういった調子で文章に書き表すのか，ということを判断しやすくなる．化学実験の場合は，読者として他大学の理工系学部 2・3 年生を念頭に置けばよいであろう．そのような人に興味をもって読んでもらえるように書かなければならない．レポートは答案ではないので，指導者だけを読者だと思ってはいけない．

　文章は簡潔でわかりやすく，論理が明快でなければならない．そのためには，"段落"をはっきりつける必要がある．いくつかの文から構成された一つの段落には一つの主題 (トピックセンテンス) を盛り込み，いくつかの段落を論理的に積み重ねて文章を作り上げるようにする[*2]．

　名詞止めを多用したり，要点だけを箇条書きにすると，論旨が不明確になるので，レポートでは避けたほうがよい．

　次に，前の ④〜⑨ について，どのように書くのかを簡単に説明しよう．

　④ の "目的" は実験テキストにも書いてあるかもしれないが，自分なりの言葉できちんと記述しなければならない．

　⑤ の "実験" では，自分がどのような操作を行ったのかがわかるように簡潔に表現する．実験テキストに書かれていることを丸写しするのは意味がない．自分の行った実験内容を読者がこれを読んで再実験できるように記述するのが重要である．「薬品・器具」などをまとめてリストアップしなくても，必要なものだけを本文中に書けばよい．装置の図は，自分が考案したものや改良したものでない限り不必要である．

　⑥ と ⑦ の "結果と考察" がレポートでは最も重要な部分といってよいであろう．

[*1]　筆記具としては黒の万年筆あるいはボールペンを用いる．
[*2]　木下是雄『理科系の作文技術』中公新書 624，1981．

　最初に，自分が得た結果をどのように表現すれば読者にわかってもらえるか，十分に検討しなければならない．実験操作により色や状態が変化したらそれも余さず記録する．もちろん，文章だけが表現形式ではない．化学反応式や数式あるいは図表などを上手に使えば，実験内容をいっそう正確に伝達できる．文章を書くとき以上に気をつけて工夫しなければならない．たとえば，数値データを明確に示すには表がよいであろう．また，データが変化する様子を視覚的に示すためには図のほうが適している[*1]．

　次に，実験結果として得られた合成反応の生成物や数値 (測定値，反応の収率，分析値) を "考察" して，結論を導こう．ここで用いた実験方法や計画についても "考察" して，改善すべき点などを指摘することも必要である．

　その際，既知のデータと比べたり，既存の理論を使う必要があるかもしれないが，数値，文章，アイデアなどを引用したときには，"参考文献" として必ず出典を明記しなければならない (Wikipedia など，内容が随時変化する Web サイトを参考文献にするのは避ける)．他人の仕事と自分の仕事を明確に区別しなければ，実験の考察とはいえないのである．

　最後に，自分が到達した "結論" も明確に書く．

3–3　図 表 の 作 成

　前に述べたように，図表を使うことは実験内容を他者に正確に伝達するのに有効であるばかりでなく，実験者自身が理解を深めるのに不可欠である．図表の書き方，特にデータのプロットグラフの書式には一定のルールがあるので，実験操作と同様の基本技術として身につけておく必要がある．

　まず，図表を作成する場合には誰が見てもわかるような内容の説明 (Caption) をはじめに書く．たとえば実験データをまとめた図表では，測定手法，試料の素性，重要な実験条件などを書いておく．基本的に図表は，その Caption 部分も含めて完結した存在となるように留意する．つまり，レポートの本文に記載された細かい実験条件を参照せずとも，図や表に示された関係や数値がおおよそ理解できるようにすべきである．レポートでは，図や表の説明の前に図番号，

[*1]　同じデータを図と表それぞれに示す必要はない．

表番号をつけて*1, レポートの本文中で図・表を参照するときにこの番号を使う*2. 図では, 図番号と説明を図の下に, 表では表番号と説明を表の上に書くことになっている. ここでいう上下とは, ページの上下ではなく, 図や表を見る方向を基準にする.

　データをまとめる表では, 表の見出し欄になる最上行 (および最左列) にその列 (および行) の内容を記載する. 単位のある物理量の場合には, 物理量*3/単位 (例：$c/\mathrm{mol\ L^{-1}}$) の形式*4で書き込んで単位を明白にして, 表の中には数値だけを記載する. 表は関連のあるデータを 1 つにまとめて, それらを比較しやすいように並べるために用いる. したがって, どういう量を 1 つの表にまとめるか, どういう順番でデータを並べるか, ということに実験内容をどのくらい深く理解しているかが現れることにもなるので, よく考えて作成するようにしよう.

　データをプロットするグラフを描くときに最も重要なことは正確に描くということである. そのために目の細かい 1 mm 方眼紙を用意する*5. 最初に何をプロットするのかを決める. 一般的な約束として, x 軸に現象の「原因」と見なせる実験者が制御する物理量 (独立変数) をとり, y 軸にその「結果」として測定した物理量 (従属変数) をとる*6. 次にプロット範囲を決める. すでに測定が終わっている場合にはデータの内容から決めればよいが, データを測定しながらプロット (working plot) する場合には, 実験計画から予測して決める. 単位にはプロットする数値が簡単になる大きさのものを選べばよい (付表 1 (b) を参照). その次に考えるのは軸の縮尺 (スケール) である. **測定精度限界の値の差**

---

*1　出現順に, 図 1, 図 2, 図 3, $\cdots$, (Figure 1, Figure 2, Figure 3, $\cdots$), 表 1, 表 2, 表 3, $\cdots$, (Table 1, Table 2, Table 3, $\cdots$), と独立につけていく.

*2　実験の解釈に必要な図表は本文でそれを参照して, その図表から何を読み取るのか説明する. レポートの本文中で参照されない図表はレポートには不要である.

*3　印刷では物理量を表す記号はイタリック体 (斜体), 単位はローマン体 (立体) で区別して表記することが推奨されている. 手書きでは物理量を筆記体, 単位を活字体で書くと区別できる.

*4　物理量=数値 × 単位 と考えれば, 物理量/単位=数値となる. 物理量 (単位) の形式も分野によっては, 広く使われている.

*5　実験ノートの目の粗い罫線では正確な図が描けず, 不適切である.

*6　測定値そのものではなく, それから計算される量を軸にとることも多い.

を区別できる縮尺を選ぶことが望ましい．しかし，方眼紙の大きさで制限される場合には，重要な部分だけを拡大したり，プロットする物理量を変えることで測定精度を生かす．方眼紙上でプロットする範囲を決めて，軸線を引き，目盛線を等間隔につけて，プロット範囲が一目でわかるように数値を書き込む[*1]．各軸に「何を」どういう「単位」でプロットしたのかを示す軸のタイトルを，表の見出しと同じように物理量/単位で書き込む (図 3-2)．

　軸を書き終えたら，その軸に合わせて正確にデータをプロットする．データ点には一目でわかるような大きさの印を付ける[*2]．手書きの場合には，まず小さい点を目印として打ちそれが重心になるように輪郭を書くとよい．誤差の大きいデータや，誤差が他のデータと異なる場合には，エラーバーを付ける．1 枚のグラフに多種類のデータ点をプロットする場合には，データ点の形 (○, □, △, …) を変えて区別して，それぞれのデータ点が何を表しているかを凡例として記入しておく[*3]．吸収スペクトルのような連続的なデータの場合には，人間がプロットするのは難しいので，多くの装置では自動で出力してくれる．その場合でも，内容を示す説明や凡例が不十分なら，自分で書き込んでおく．

　データをプロットして，何らかの法則性が見いだせるのならそれを表現する線を引く．全てのデータ点には偶然誤差が含まれているので，それらを順番につないだ折れ線にはほとんど意味がない[*4]．手書きのプロット図では，1 本の直線を引くことによって実験式を求めることが多い．そのときに最小自乗法を使うこともできるが，得られた実験式はグラフ上に直線として引いてみるべきである．データが直線にならないときには，コンピュータを使って多項式や特殊な関数形でデータをあてはめることもできるが，軸の取り方を工夫することによって，直線が引けるようになることも多い．法則性が明らかでなくても，

---

*1　数値を書かない補助目盛線も必要に応じて描く．
*2　位置を正確にしようとして，データ点を小さい点でプロットすると，データの上から線を引いたあとにデータの場所がわからなくなったり，訂正による汚れと区別がつかなくなったりする．
*3　線を引く場合も線の種類を変える (例 直線/solid line —— 破線/dashed line …… 点線/dotted line …… 一点鎖線/dot-dashed line -・-)．
*4　非常に密なデータを扱っている場合には，データの前後のつながりを示すために折れ線を引くことがある．吸収スペクトルなどがその例である．

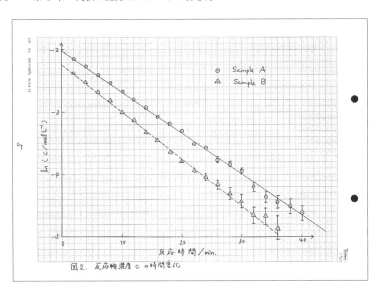

**図 3-2　方眼紙上に作成したプロットグラフの例．図番号と説明は図を
　　　　見る方向から見て，図の下についている．レポートに綴じるため
　　　　のページ番号がページの下についていることにも注意．**

データの傾向を示すガイド曲線を引くことがある．この場合にも，全てのデー
タには誤差が含まれていることを意識して，データ点を無理に通過させるので
はなく，なめらかな1本線を引くようにする[*1]．

[*1]　細かい線を重ねて引くと読み手の解釈があいまいになるので，1本線を引くようにする．
　　雲形定規や，自在定規を使うと引きやすい．

4

|||||||||||||||||||||||||||||||||||||||||||||||||||||||||||||||||||||||||||||||||||||

知っておきたい基本操作

　この章では，薬品を秤量したり，ある濃度の溶液を調製するとき，化合物を反応させたり，分離・精製するとき，あるいは，化合物のいろいろな性質を測定するときの基本操作について説明する[13-18]．

　実験では目的に応じて，いくつかの実験方法のうちから最も適した方法を選択したり，その方法にさらに変更を加える必要が生じる場合があるだろう．ここで述べる実験方法と操作の一つ一つがもつ意味を読み取れれば，実験目的に適した方法を見つけるのに役立つはずである．

4–1　容積，質量，温度をはかる

　この節では，液体の容積のはかり方，滴定の仕方，天秤を使った質量測定，温度の測定について述べる．装置の選択，使用条件，操作法，目盛の確認，校正，測定誤差など，器具や装置を使用する際に基本的に留意すべき点を具体的に説明する．

液体の容積のはかり方

　ある量の液体をはかりとる場合には，ふつうはメスシリンダーを使用する．しかし，標準溶液の調製や滴定などのように 3 桁以上の精度 (p.30 参照) が要求される場合には，メスフラスコ (5–1000 mL) やホールピペット (1, 2, 5, 10 mL など) のような公差 (表 4-1) の定まった容量器具 (図 4-1) を使わなければならない (注1)．

　公差とは，その器具を正しい使用法で用いたときの誤差の最大値を示してい

表4-1 容量器具の許容誤差 (公差) (単位 mL)

ピペット

容量	1	2	10	20	50
公差	0.01	0.01	0.02	0.03	0.05

メスフラスコ

容量	10	25	50	100	250	500
公差	0.04	0.06	0.1	0.12	0.15	0.3

ビュレット

容量		10	25	50	100
公差 (全量の 1/2 以上)		0.02	0.03	0.05	0.1
(全量の 1/2 以下)		0.01	0.015	0.025	0.05

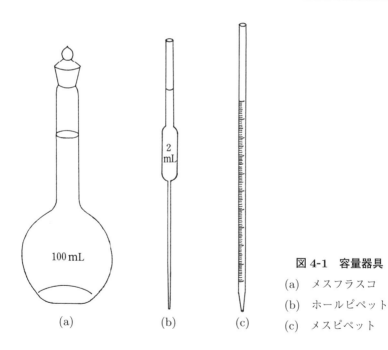

図4-1 容量器具

(a) メスフラスコ

(b) ホールピペット

(c) メスピペット

(a) (b) (c)

100 mL

2 mL

注1 容量器具は，特に内面が汚れていてはいけない．少しでも汚れていると壁面が溶液をはじき，液滴が残ったりメニスカスの形がゆがんだりするので正確な測定ができない．器具の洗浄については **p.5** を参照せよ．

る．たとえば，公差が 0.1 mL である 50 mL のメスフラスコでは，液体のメニスカス[*1]の底部を器具の標線ときちんと一致させたとき，中に入った液体の容積が 20 ℃ では 50.0±0.1 mL に納まる[*2].

メスフラスコの使い方の一例をあげよう．3 桁の精度で 0.1 mol L^{-1} の硝酸銀水溶液 500 mL をつくる場合には，硝酸銀の固体約 8.5 g を秤量びんにとり，その重量を 0.1 mg まで精密電子天秤で秤量する (p.28 参照)．ビーカーに少量の精製水を数回注ぎ硝酸銀を完全に溶解させ，全部を 500 mL のメスフラスコに移し，さらに精製水を標線まで追加する．最後に，容器内の濃度を均一にするために，しっかりと栓をしてメスフラスコを逆さまにし，よく振り混ぜておく．

ホールピペットでは，標線まで吸い上げた液体を流出させたとき，流出量が指示された容積になる (**注1**)．ピペットから液を三角フラスコなどに移すときには，ピペット上端を押さえている指をゆるめ，自然に流出させる．先端の細くなった部分に残った液を取り出すには，上端を再び指でふさぎ，もう一方の手でピペットのふくらんだところを軽くにぎり，内部の空気の膨張を利用して滴下させるとよい (最初の 1 滴で十分である)．決して息などを吹き込んだりしてはいけない．大切なことは，操作を一定にして，再現性よく液を取り出せるようにすることである．そうしなければ，精密な実験をするときに校正が不可能になる．

目盛の刻まれたピペット (メスピペット) では任意の液量を取り出せるが，精度はホールピペットよりも悪くなる．吸い取った液を全部流出させるのではなく，目盛を見ながら液を注ぐ必要がある．

注1　標準溶液を入れた容器からピペットなどで直接その溶液をとってはいけない．まず，標準溶液をビーカーに適量移し，その後に容量器具を使用すべきである．また，有毒な試薬をはかりとる場合は，安全ピペッターと呼ばれる器具を取り付けて吸い上げる．
*1　表面張力により湾曲した気–液境界部分をメニスカスという．
*2　何らかの方法で誤差の評価ができる場合は，測定値に ± の記号で誤差の値 (公差や標準偏差など) を付記することもある．

滴 定 の 仕 方

　滴定にはビュレット (図 4-2) を使用する．ふつうは内径が均一なガラス管に 0.1 mL 単位で目盛を付けてある．計測に際しては，目盛の 1/10 まで読み取るけれども，±0.01 mL 程度の読み取り誤差は避けられない．さらに，1 滴より少量を流し出すのは技術を要するので，1 滴分程度の誤差は常に入ってくる．滴定の前に 1 滴分がどれくらいの容量になるかを測定しておくとよい．また，目盛そのものにも誤差があるので，高い精度が要求されるときには前もって目盛の各部分を校正しておかねばならない．

　ビュレットの液体の流出口はガラス製コックを付けたもの (a)，あるいは，ゴム管に先端の細くなったガラス管をつなぎゴム管内にガラス玉を入れたもの (b) がある．試料の化学的性質によって使い分けるとよい．たとえば，アルカリ溶液ではガラス製コックのものは避ける．また，酸化力の強い試料の場合はゴムは使用できない．

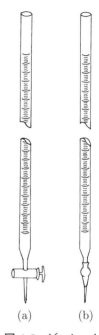

(a)　　　　(b)

図 4-2　ビュレット

　先端部分やゴム管部分に気泡が残りやすいので，気泡のないことを確認してから滴定を開始する．

天秤を使った質量測定

　質量測定にはかつては用途に応じて，上皿天秤・直視天秤・化学天秤などが使い分けられていたが，最近ではほとんどが電子天秤に置き換えられている．電子天秤では試料にかかる重力を電気信号に変換して試料の質量を測定する．そのため電子機器を狂わせる磁石や熱源を避け，振動の少ない安定した台の上に水平に設置する．試料の質量を測るには，設置した場所において標準分銅で感度校正をする必要がある．したがって，電子天秤を不用意に動かしてはならない．

試料を載せるだけで秤量値を示すうえに，ゼロ点調整，風袋差し引き*1など
がボタンだけで操作できる．それだけに，つい粗雑に扱いがちであるが，正し
く扱わなければ誤った値を読み取ることになる．電子天秤は，測定範囲が広く
扱いやすいもの，精度が高いものなどを選ぶことができるので，目的にあった
ものを選ぶ必要がある．精密なものでは 0.1 mg 以下の精度があり，少しの操作
ミスでも表示値に反映されるので，慎重に取り扱わなければならない．

秤量の基本的な手順 (必ずマニュアルを参照のこと)

① 電子回路を安定させるために，30 分間ぐらいウォーミングアップする．

② 何ものせないときにゼロになっていることを確認し，試料を静かに皿に
　のせ，(フード付きの精密天秤ではフードも閉めて) 秤量する．

③ 試料を取り出し，ゼロ点が変わっていないことを確認する．

温 度 の 測 定

温度測定は，目的に合った温度計を選ぶことから始まる．温度を 1 °C の精度
で測定する場合は，水銀温度計 (または液体温度計*2) で十分である．しかし，
0.1 °C 以上の精度が必要なときは熱電対温度計や抵抗温度計を用いる．測定す
る試料全体が (温度計を含め) 均一な温度 (熱平衡) になるようにしてから測定
しなければ正確な温度は得られない．

水銀温度計 −35〜350 °C の範囲の温度測定に用いられている．ガラス製
でこわれやすいので，間違っても撹拌棒として使用してはいけない．水銀の位
置を読むときは眼の位置を水銀柱の上端の高さにもってきて読み取る．0.1 °C
の精度が必要な場合は，0 °C (みぞれ状の氷をロートに入れたもの) で温度計を
校正する必要がある*3．水銀溜および水銀柱全部が測定すべき対象物と熱平衡

---

*1　秤量瓶などの容器に入れた試料を秤量する際に，容器の質量を差し引くこと．決まった
　量の試薬を大まかに量るときに便利だが，精密な測定では使用前後の容器込みの質量を量っ
　て記録する必要がある．
*2　ふつうはアルコールでなく，着色した灯油が封入されている．
*3　100 °C でも校正したほうがよい．しかし，0 °C の場合のように簡単ではない．水蒸気
　で 100 °C の目盛まで均一な温度になるように工夫しなければならない．

になったときに正しい示度になる[*1].

熱電対温度計　金属線 A, B を図 4-3 のように接続し，2 つの接点を異なる温度 (T_1, T_2) にすると熱起電力が発生する．この熱起電力は，2 種の金属の組合せ (熱電対)[*2] と 2 つの接点の温度に依存する．一方を基準温度 (通常は 0 ℃) にし，他方を測定温度においたときの熱起電力をデジタ

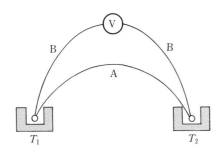

図 4-3　熱電対 (模式図)

ルボルトメーター (あるいは電位差計) で測定する．熱起電力–温度の換算表を用いて温度を 0.1 ℃ の精度で求める．検温部分 (接点) が小さいので，局所的な温度や微量試料の温度の測定に適している．

サーミスター温度計　抵抗が温度によって変化することを利用している抵抗温度計の一種で，数種類の金属酸化物を混合焼結した半導体素子を用いている．感度が良く 0.01 ℃ の精度が得られるけれども，個々の素子によってばらつきがあるので，温度目盛のずれが生じる．

【備考 1】　精度と有効数字

測定によって得られた数値は誤差を伴っている．たとえば，ある測定値が 12.5 と表示されるとき，誤差はおよそ 0.1 とみなされる．このとき有効数字は 3 桁であるという．つまり有効数字とは，いくぶん不確かな数字一つを含めて数値を形成する数字のことであり，どの桁まで信頼できるかを示す．12.50 と書けば 4 桁の数値を意味する．たとえば，ビュレットで滴定したとき，最初の読みが 23.42 mL で，溶液を滴下

[*1]　測定部分から水銀柱が露出している場合は，露出部分の影響を次式を使って補正しなければならない．

$$\Delta t = n(t - t')/6300$$

ここで，t は温度計の示度，t' は露出部分の平均温度，n は露出した水銀柱部分の度目盛である．

[*2]　熱電対としては，クロメル (90%Ni+10%Cr)–アルメル (95%Ni+5% (Al, Si, Mn)) や銅–コンスタンタン (60%Cu+40%Ni) などが，信頼性の高い温度計として用いられている．

した後の目盛の読みが 31.72 mL のとき，滴下した液量は 8.30 mL (31.72–23.42) である．これを 8.3 mL とするのは精度を下げてしまうことになる．

　単位変換の際は，有効数字の表し方に注意する．2.5 g という量は有効数字 2 桁であるが，これを 2500 mg とすると，有効数字は 4 桁となり，元の測定値とは意味が違う．0.0025 kg の場合，位取りを示す 0 は有効数字には数えないので，2 桁を意味するが，べき乗表示を用いて 2.5×10^3 mg, 2.5×10^{-3} kg と書くようにする．

　収率などいくつかの測定値を使って計算する場合には，加減する数値は位数を，乗除する数値は桁数をそろえる．ただし，計算過程や，既知の定数はこの原則より 1 桁多くとり，最後に誤差の評価をして有効数字を決定する．

4–2　化学反応を制御する

　物質はさまざまに化学変化する．溶液では反応物の混合が容易で反応が速く進むけれども，主反応だけでなくいくつもの副反応が起こる．溶液中の反応をできるだけ主反応に傾かせるためには，反応に用いる溶媒を選び，反応の温度を調節しなければならない．温度を制御するのに用いる加熱と冷却の方法，反応物や温度を均一にするための撹拌法などについて述べる．反応の進行を妨げる溶媒中の不純物についても簡単に記す．

加 熱 (加 温)

　化合物の合成を行うときだけでなく，蒸留，蒸発，昇華，融点測定などにも加熱が必要である．加熱する際には適切な装置と方法を選び，以下の項目に注意して行う．

① 急激に加熱しない．

② 密閉された容器を加熱してはいけない．

③ 外壁に液滴がついたガラス容器を加熱してはいけない．

④ 加熱は必要最小限にとどめる．

　バーナーによる加熱　ブンゼンバーナー (図 4-4 (a)) のガスの炎は，適度に空気を入れれば，先端に近い部分が最も高温であるから (図 4-4 (b))，そこへ加熱する箇所が当たるようにする．通常，セラミック付き金網を三脚の上に置いて

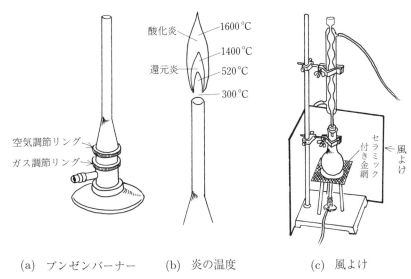

(a)　ブンゼンバーナー　　　(b)　炎の温度　　　(c)　風よけ

図 4-4　ブンゼンバーナーの使用

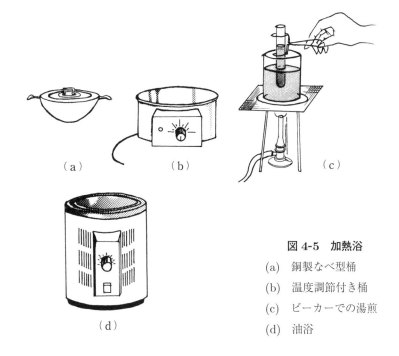

図 4-5　加熱浴

(a)　銅製なべ型桶

(b)　温度調節付き桶

(c)　ビーカーでの湯煎

(d)　油浴

加熱し，必要があれば風よけなどを用いて炎がゆらいで温度が変化するのを防ぐ (図4-4 (c)).

加熱浴による加熱　湯浴はよく使われる加熱浴である．桶 (図4-5 (a)，(b)) で沸かした湯の中に，反応容器を浸して加熱する．また，ビーカーで湯煎する方法もある (図4-5 (c)).

油浴は 100 °C 以上の加熱に用いられる．円筒形の容器 (図4-5 (d)) を用いる．湯浴用よりは高温まで温度制御が可能なものを使用しなければ危険である．油としては，綿実油などが使われる．200 °C になると煙が出て，引火の危険性があるので，それ以下の温度で使用する．360 °C ぐらいまでの高温が必要な場合にはシリコーン油を用いる．

砂浴は平らな鉄製の皿の上に細かい砂を入れたものである．湯浴のように一定の温度に調節することは困難であるが，手軽で比較的ゆるやかに熱を加えられる．

電熱による加熱　簡単な方法は電熱器を使用し，これに加熱する容器を直接のせるか，あるいは加熱浴をのせて用いる．電熱器の上に金属板をかぶせたニクロム線が露出していない形式のものは，実験用ホットプレート (図4-6 (a)) で引火の危険性が少ない．また，マントルヒー

(a) ホット　　(b) マントル
　　プレート　　　ヒーター

図4-6　電熱による加熱

ター (図4-6 (b)) は，発熱体がガラス繊維の布で覆われているので引火の危険性が少なく，丸底フラスコなどを効率よく加熱できる．

還　流

加熱を長時間続けるうちに，揮発性物質や溶媒が蒸気になって散逸しないように反応容器の上に冷却器を付け，気化した内容物を凝縮させて液体にし，もとの容器に戻すことを還流という．還流冷却器 (図4-7) には，高沸点物質の還流に用いる空気冷却器 (a)，沸点 110 °C ぐらいまでのものを扱う球管 (アリーン) 冷却器 (b)，ジムロート冷却器 (c) などがある．撹拌しないふつうの加熱還

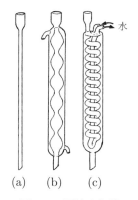

図 4-7 還流冷却器
(a) 空気冷却器
(b) 球管 (アリーン) 冷却器
(c) ジムロート冷却器

図 4-8 還流装置

流は，図 4-8 のような装置で行い，内容物が 1/3 程度となる大きさのフラスコにゴム栓あるいはコルク栓で還流冷却器を連結する．栓には，その半分以上がフラスコの口の外に出るくらいの大きさのものを使う．

　加熱を始める前にフラスコに 2, 3 粒の沸騰石を入れておくと，適度に気泡を出して円滑な沸騰を誘い，突沸を防ぐことができる．沸騰石は一度使ったものは二度と使えないし，ある温度に保った後でその温度を低くした場合にも役に立たない．液体が熱くなってから沸騰石を投入すると，突沸が起こって危険である．必ずいったん冷やしてから沸騰石を入れる．

　もし反応が空気中の水を嫌う場合には，冷却器の上端に塩化カルシウム管を取り付ける．また，酸素を嫌うときは窒素気流下で還流を行う．この際には，隠やかに液が沸騰するようにフラスコを加熱する．

冷　却

　化合物を合成する場合には，反応容器を冷却しなければならないときもある．それは，次のような場合である．

　①　反応が激しくて危険である．

②　反応による発熱で温度が上昇し，目的物と異なった生成物が生じる．

③　生成物が不安定である．

冷却は，反応液の入った容器を冷却剤中につければよい．よく使われる冷却剤と冷却温度を表 4-2 に示す．流水，氷水を冷却剤として用いる方法が最も手軽である．氷のような固体で冷やすときは，容器と氷の間にすきまをつくらないように氷は細かく割って使う．食塩などを加えるとさらに低温になる．ドライアイスを用いると容易に低温が得られるが，熱伝導性が悪いので，単独で用いることはほとんどない．魔法瓶にアセトンやアルコールなどを入れ，それに細かく砕いたドライアイスを入れて使用する．

表 4-2　冷却剤とその最低温度

冷却剤	最低温度/℃
氷	0
氷-食塩	約 −20
ドライアイス-メタノール	約 −70
ドライアイス-アセトン	約 −70
液体窒素	−196

撹　拌

撹拌は，固体試料と液体試料を反応させたり，複数の溶質を混合して反応を促進させたり，多量の液体試料の反応温度を均一にする目的で行う．少量を撹拌する場合には，両端を溶融したガラス棒やテフロン製の棒を用いて撹拌する．肉薄のビーカーやフラスコ中でのガラス棒による撹拌は，容器を破損するおそれがあるので，ガラス棒の下端にゴム管を付けるとよい．

長時間撹拌する場合にはマグネチックスターラー (図 4-9) を用いる．試料を入れたビーカーの中に，短い鉄棒をガラスかテフロンで封じた撹拌子を入れる．大量の液体や粘度の高い液体の撹拌には羽根の付いた撹拌棒をモーターを利用して回し，スライダック*1で回転速度を調節する (図 4-10)．密閉した状態や減圧または加圧下での反応には，テフロン製の気密シールを付けた装置を用いる．

＊1　電圧調整が簡単にできる交流変圧器．

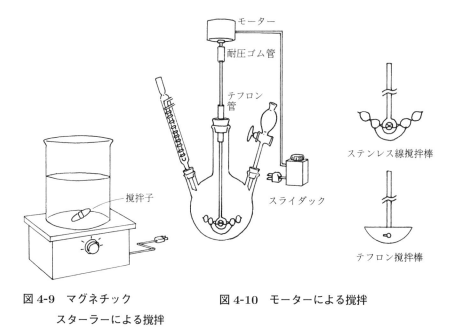

図 4-9　マグネチック
　　　　スターラーによる撹拌

図 4-10　モーターによる撹拌

溶 媒 の 精 製

　溶媒中の不純物が, 合成の主反応を阻害したり副反応を促進することがある.
そのような場合には, 合成法に溶媒の純度か精製法が記載されているはずであ
る. また, 溶液にして化合物の性質を調べる場合でも, 溶媒中の不純物が測定
を妨害することがある.

　有機溶媒としてヘキサンなどの炭化水素類, ジオキサンなどのエーテル類,
アルコール類などが用いられる. 市販の有機溶媒は純度が高いので, 特に古い
ものでなければ不純物は水である. 溶媒中の水を除くには, その溶媒に適した
乾燥剤 (備考参照) で水分を除いて蒸留すれば, たいていの反応や精製などに用
いることができる.

　水そのものはさまざまな物質を溶かす入手しやすい溶媒であるが, 水溶液中
では化学種が変化することもあるので注意しなければならない.

　溶媒に溶け込んだ酸素などの気体の影響を避けるには, 脱気すればよい. 水

から脱気するには水を沸騰させる．有機溶媒の場合は，超音波洗浄器で5分間くらい超音波を当てると溶存空気が除かれる．ダイアフラムポンプ (p.39 参照) で吸引しながらこれを行えば，1分以内で十分である．あるいは溶媒にアルゴンをバブリングさせてもよい[*1]．

【備考】　溶媒精製のための乾燥剤

　炭化水素やエーテル，ハロゲン化炭化水素の乾燥には，塩化カルシウムや水素化カルシウムが適している．アルコール類の乾燥には酸化カルシウムを使用する．また，溶媒の乾燥に適した，さまざまなタイプのモレキュラーシーブや活性アルミナが市販されているので，これを利用することもできる．

　これらは，いずれも比較的安全で利用しやすいものである．

4–3　物質を分離・精製する

　前に述べたように，反応を制御して注意深く合成を行ったとしても，純度の高い生成物をただちに得ることはきわめて困難である．純粋な物質を得るためには，合成反応で得られた粗生成物を精製して単離する必要がある．以下にその基本操作を説明する．

再　結　晶

　ある溶媒に対する溶解度が，物質や温度によって異なる性質を利用して物質を精製する操作を再結晶という．ある温度において，試料を適当な溶媒に溶かし，室温中で放冷あるいは氷で冷却するか，または冷蔵庫内で放冷すると，溶解度の温度差に相当する量の目的物が析出する．

　再結晶に使用する溶媒は，はじめから多量を用いないで，少しずつ加えながら沸点近くまで加熱し，試料を完全に溶かすのに必要な最少量よりやや多めの量を用いる．結晶がうまく析出しないときは，結晶の核になる種を入れたり，器壁を切りたてのガラス棒でこするとよい．もし溶液の濃度が薄すぎて結晶が析

---

*1　1Lの溶媒につき，アルゴンを約 $100\,\mathrm{mL\,min^{-1}}$ の流量で10分間ぐらいバブリングさせる．

出しないときは，ロータリーエバポレーター (p.7 参照) で溶液の表面に結晶が析出するまで濃縮してから冷却する．

目的の物質の再結晶に適した溶媒を選ぶには，試行錯誤と経験が必要であるが，次のことを考慮するとよい．

① イオン結合性化合物の場合は，水などの極性の強い溶媒を選ぶ．

② 水素結合性固体試料の場合は，水あるいはアルコールなど水素結合する溶媒を選ぶ．

③ その他の有機化合物の場合は，その化合物と同じ官能基をもった溶媒で試す．

④ 適当な溶媒が見つけられないときは，さまざまな混合溶媒を用いる．

結晶や沈殿の分離

生成した結晶や沈殿の分離には，自然ろ過，吸引ろ過，保温ろ過，遠心分離などの方法がある．

空気中で非常に不安定な物質を分離するときには，窒素気流下で，さらに不安定なものはアルゴンやヘリウム気流下でろ別する．また，吸湿性の強い沈殿の場合には，乾燥剤の入った乾燥管を通過させた乾燥気流下でろ別する (p.43 参照).

自然ろ過 ロートにろ紙[*1]を敷き，沈殿と溶液を大気圧・室温下でろ別する方法である．ガラス製ロート (図 4-11 (a)) の場合は，円錐形にたたんだろ紙を敷いてろ過する．不用の沈殿のろ過やろ液からの再結晶などには，ろ紙を折りたたみ，ひだを付けてろ過面積を広くし，ろ過する時間を短縮する方法がある (図 4-12) (**注1**).

注1 ひだ付きろ紙は，円の中心に折目が集まると破れやすくなるので，少しずつ折目をずらして折るとよい．

*1 ろ紙には規格番号が付けられている．これは，ろ過する沈殿の性状に適した，ろ紙のメッシュと厚みを選ぶためのものである．番号の付け方はメーカーによって多少異なるが，さまざまな用途に適したろ紙が詳しい説明付きで市販されている．ふつうは2号ろ紙を使用すればよいが，たとえば水酸化鉄 (粗大沈殿) や硫酸バリウム (微細沈殿) をろ過するときには，それぞれに適した番号のものを使用する必要がある．

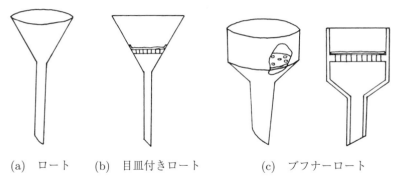

(a)　ロート　　(b)　目皿付きロート　　(c)　ブフナーロート

図 4-11　よく使用されるロート

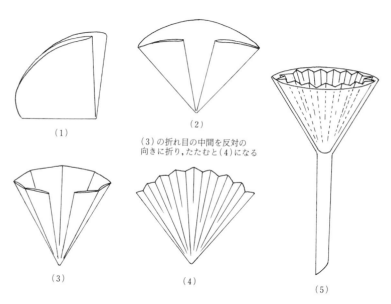

(1)

(2)

(3)の折れ目の中間を反対の
向きに折り,たたむと(4)になる

(3)

(4)

(5)

図 4-12　ひだ付きろ紙の折り方

　吸引ろ過　　ダイアフラムポンプ[*1]などを用いて減圧下でろ過する方法である．再結晶で精製した沈殿のろ別に適している．吸引瓶にゴムアダプターを付けたロートをセットし，逆流止めのトラップを介して減圧下でろ過する (図 4-13).

*1　水の流れで減圧するアスピレーター (水流ポンプ) や，水を循環させて節水しながら減圧する電動式アスピレータがかつてよく用いられていたが，有機溶媒で排水が汚染されるのを避けるために使われなくなってきている．

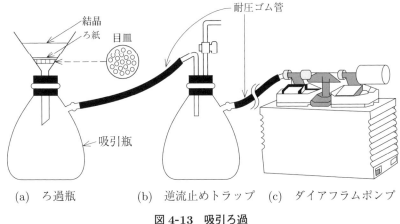

(a)　ろ過瓶　　　　(b)　逆流止めトラップ　　(c)　ダイアフラムポンプ

図 4-13　吸引ろ過

使用するロートとしては，ブフナーロート，目皿付きロート，ガラスフィルターなどがある．

　ブフナーロートは陶器製でヌッチェとも呼ばれている．これを使用するときは，ロートに開けてある穴を完全にふさぐ大きさのろ紙を底に敷き，少量の液でろ紙をしめらせて軽く吸引してロートに密着させる (図 4-11 (c))．ろ紙の径が大きすぎると，しわが生じて密着しない．目皿付きロートの場合は，ろ紙を目皿の直径より 2〜3 mm 大きくなるように切り取り，吸引瓶に取り付けたロート内に目皿を入れ，その上にろ紙を載せ，ミクロスパーテルでろ紙の端約 2 mm のところを押さえて，ろ紙がロートと目皿に密着するようにする．水または適当な溶媒で湿らせて，密着しているのを確かめてから，吸引ろ過を行う (図 4-11 (b))．ガラスフィルターにはさまざまな目の粗さのものがあり[*1]，沈殿の大きさに適した粗さのものを使用しないと，目づまりを起こしてろ過に時間がかかったり，また逆に沈殿がろ液とともに通過してしまうことがある．

　保温ろ過　　溶液の温度が少しでも下がるとただちに結晶が析出するような溶液は，保温ロートを用いてろ過する．この方法は熱時ろ過とも呼ばれる．銅製の保温ロートに水を七分目ほど入れ図 4-14 のようにセットし，ひだ付きろ紙

---

*1　たとえば 3G-3 のように表示されている．3G の 3 はフィルターの径の表示であり，G-3 の 3 は，ガラスフィルターの目の粗さを表しており，数字が小さいものほど粗くなる．

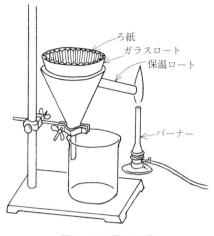

図 4-14 保温ろ過

を敷いたガラスのロートを保温ロートの中に置く．保温ロートの中の水が沸騰
するまで，枝の先端部をバーナーで加熱する．バーナーの火を消してから溶液
を素早くろ過する[*1]．

遠心分離　　微細な粒子やごく少量の沈殿は，遠心分離機 (図 4-15) を用い
て分離する．遠心分離機には数本の尖形管を入れるホルダーがある．使用の際
には以下の項目に注意する．

①　回転の中心に対して互いに対称の位置にあるホルダーに等重量のものを
　　入れてバランスをとらねばならない．バランスがくずれると，振動によっ
　　て遠心分離機自体が回転したり，台から落ちることもある．

②　遠心分離を始めるときには，回転数調節レバーを徐々に動かし，少しず
　　つ回転数を上げる．分離時間は粒子の状態によって異なるから，最適条件
　　を見つける．

③　回転を停止させるときに手などで無理やりに止めると負傷することがあ
　　るので，自然に停止するのを待つ．

[*1] バーナーの火を消すのは引火性溶媒による火災防止のためである．

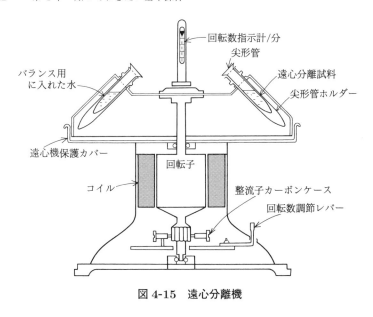

図 4-15　遠心分離機

遠心分離後の上澄み液は，デカンテーション[*1]またはスポイトで分取する．

結晶や沈殿の洗浄と乾燥

ろ別した沈殿や結晶は次のような方法で洗浄する．

ロート上のろ別した沈殿に少量の溶媒を加えて静かにかき混ぜ，再びろ別する．通常はこの操作を2回繰り返すが，溶媒とわずかに反応したり，溶解度の高い沈殿の場合にはろ別した溶液を用いて洗浄するとよい．

遠心分離法による沈殿の洗浄は，上澄み液をデカンテーションまたはスポイトで取り除き，沈殿に洗液を少量加え撹拌し，再び遠心分離する．この操作を最低2回は繰り返す．沈殿がごく少量である場合は，最後に沈殿をスポイトで吸い上げると無駄なく取り出せる．

洗浄を終えた沈殿で空気中で安定なものは，そのまま放置して自然乾燥させる．溶媒の沸点が高く，自然乾燥させにくいものや，長時間放置すると変化す

＊1　沈殿を沈降させてから，容器を傾けて上澄み液を静かに流し出す操作をデカンテーションという．

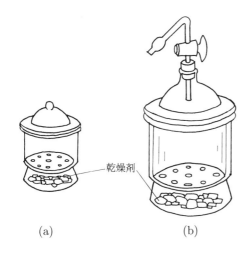

乾燥剤

図 4-16　デシケーター
(a)　通常のデシケーター
(b)　真空デシケーター

(a)　　　　　　　　　　(b)

る沈殿は，適当な乾燥剤を入れたデシケーター (図 4-16) 中で乾燥させる．特に，空気中で不安定な沈殿や早く乾燥させたいときは，真空デシケーターを使用する．

　デシケーターは底部に乾燥剤を入れ，穴の開いた陶製の円板の上に，容器に入れた乾燥したい物質をのせ，ふたのすり合せの部分にワセリンかシリコーングリースを薄くぬり，内部の気密性を保って使用する．図 4-16 (a) は通常のデシケーター，(b) は真空デシケーターで真空ポンプを用い減圧にして使用する．

　乾燥剤は，乾燥を要する物質に適したものを使用しなければならない．青色シリカゲル，モレキュラーシーブ，五酸化リンや濃硫酸などがよく用いられる．また，アミンなどの塩基性物質には水酸化ナトリウムが適している．塩化カルシウムもよく使われるが，アルコール，アミン，ケトン，フェノール類の乾燥には適さない．

昇　　華

　昇華法は，固体と気体が液体を経ずに互いに転移する現象を利用して物質の精製を行う方法である (図 4-17)．したがって，比較的高い蒸気圧をもった固体の精製にしか利用できない．再結晶に比べ，溶媒の取り込みや溶媒との反応などの

心配がない．常圧下・高温で昇華させ
ると熱分解するおそれのあるものは，
減圧下で行えば低温で昇華できる．昇
華性のものが 2 成分以上含まれている
場合には，一方のみを昇華させるのは
難しい．

蒸　　留

　沸点の違いを利用して，液体試料
を分離・精製する方法を蒸留という．
蒸留フラスコ中で試料を加熱して蒸
発させ，発生した蒸気を枝管に導き，

図 4-17　簡単な昇華装置

リービッヒ冷却器などを用いて冷却し凝縮させる．沸点がそれほど高くない場
合には，大気圧 (常圧) 下で蒸留する (図 4-18)．高沸点の試料を蒸留する場合
には熱による試料の分解を避けるために，1 気圧以下で蒸留する (図 4-19)．こ
の方法を減圧蒸留という．この場合には突沸を防ぐために，毛細管から窒素ガ

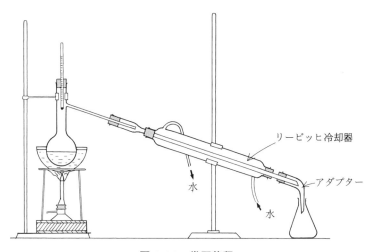

図 4-18　常圧蒸留

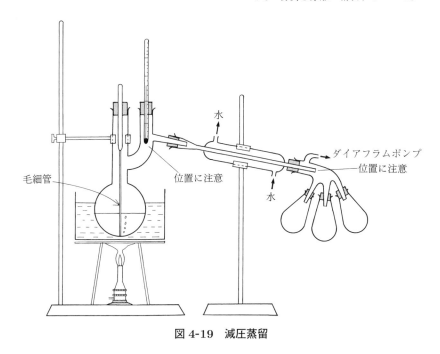

図 4-19 減圧蒸留

スなどをバブルさせたり，マグネチックスターラーで液を撹拌する．沸点の異
なる混合物の分留の場合には，温度計の示度を見ながら受器 (アダプター) を変
え留出物を集める．なお，試料の沸点が気温よりも 150 ℃ 以上高いときには，
リービッヒ冷却器を用いる必要がなく，空気冷却器で十分である．蒸留を行う
ときの注意事項を以下にあげる．

① 蒸留フラスコ内に沸騰石を 2,3 粒入れてスムーズに沸騰させる (p.34
参照)．

② 温度計の球部が蒸留フラスコの枝の位置より少し下にくるようにする．
温度計の付近を布で巻いたり，蒸留中の加熱を一定にするなど沸点の変動
を防ぐための工夫が必要である．

③ 大気圧などの外的条件によって文献記載の沸点を示すとは限らない．し
たがって，温度計の示度が一定になれば留出物を集めてよい．

④ 加熱の方法は試料の沸点の低い順に，湯浴，油浴，直火などを使い分け

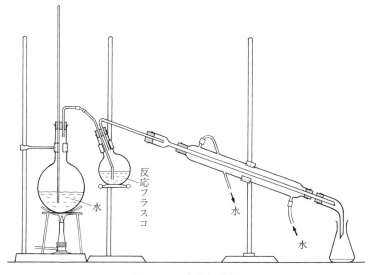

反応フラスコ

水

水

水

図 4-20 水蒸気蒸留

る．大量の液体を蒸留するときには危険防止のために直火は避けたほうが
よい (p.33 参照).

⑤ リービッヒ冷却器を用いるときには，冷却水の流量に注意する．あまり
激しく水を流すとゴム管が破れたり，冷却器からはずれることもある．

⑥ 留出の速度は，1滴留出するのに1〜2秒かかる程度が適当である．

沸点が高くて大気圧で蒸留すると分解する物質でも，水に難溶であれば，水
蒸気とともに蒸留すると分解せずに 100 °C 以下で蒸留できる[*1]．この操作を水
蒸気蒸留という (図 4-20). 大量のタール状不純物に目的物が混じっているとき
の分離にもこの方法が有効である．

溶 媒 抽 出

ある物質が一定の分配率で，互いに混合しにくい2液相間に分配される現象

[*1] 水と混じらない有機化合物を水とともに加熱すると，混合物の蒸気圧はそれぞれが単独
で加熱されたときに示す蒸気圧の和になるので，蒸気圧の和が大気圧と等しくなる温度で
両者の共沸混合物が留出してくる．したがって，高沸点のものでも水の沸点以下で蒸留で
きる．

を利用して，物質の分離や精製をすることができる．このような操作を溶媒抽出という．広い意味では，気体や固体混合物から適当な溶媒を用いて，特定の化合物を溶かし出す操作も溶媒抽出である．

　溶媒抽出は分液ロート (図 4-21) を用いる．(a) は最も一般的で，(b) は分別に都合がよく，(c) は滴下ロートとして使用される．栓は紛失しないように紐でロートにつないでおく．

　使用前にコックの栓を水または使用溶媒で濡らして回転の具合を調べ，回りが悪ければ少量のシリコーングリースをぬる[*1]．分液ロートのコックを閉じてから被抽出液を入れ，次いで溶媒または水溶液を入れる．頸部の穴がふさがるように栓をし，片手で栓を頸部に押し付けるようににぎり，ロートを逆さまにする．他方の手でコックを開いて内部のガスを抜き，コックを閉じ，その手でコックを押さえるようににぎり，上下に強く振る (図 4-22 (a)) (**注1**)．エーテル

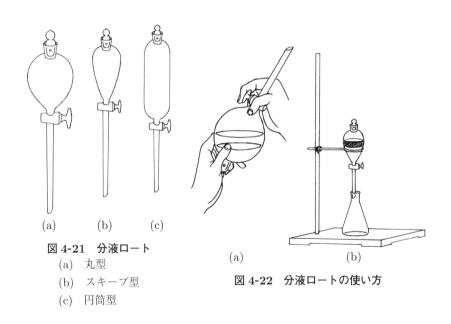

図 4-21　分液ロート
　(a)　丸型
　(b)　スキーブ型
　(c)　円筒型

(a)　　　　　　　(b)

図 4-22　分液ロートの使い方

注1　栓やコックがはずれないように注意する．
*1　グリースが使えない場合は，透明すり (グリースレス) コックまたはテフロンコック付きロートを用いる．

など揮発性の高い溶媒や炭酸塩水溶液を用いた場合は，はじめは弱く振り，ときどきコックを開いてガスを抜き，次第に強く振る．振り終えたらロートをリングに架け，栓の溝を穴に合わせて静置し，液相が2層に分離するのを待つ (図4-22 (b))．下層はコックを開いて下部の口から流出させ，上層は上部の口から穴を上にして他の容器に移す．不要な層と思われても容器に保存し，確かめてから処理する．

クロマトグラフィー

　クロマトグラフィーは，無機化合物・有機化合物を問わず，わずかに異なった性質をもつ成分の混合物を，各成分に分離する方法である．広い表面積をもって分布する固定相と，その間隙をぬって流れる移動相とからなる系に，混合物を通すと各成分が2相間にそれぞれ異なった割合で分配される．分配が連続反復的に行われれば，各成分が移動相の中を移動する速度に差を生じる．その差を利用して各成分を分離するのがクロマトグラフィーである．

　移動相に液体を用いる液体クロマトグラフィーには，カラム，薄層，ペーパーの各クロマトグラフィーがあり，移動相に気体を用いるものにガスクロマトグラフィーがある．

　固定相には，固体そのものを用いる場合 (主として吸着型) と液体担持固定相を用いる場合 (分配型) がある．

　カラムクロマトグラフィー　　先の細くなったガラス管に適当な吸着剤を均一につめ，図4-23 (a) のようなカラム (吸着柱) をつくる．コックの付いた管を使う場合は，グリースを用いることができないので"すり"のよいコックのものを用いる．

　試料は展開に用いる溶媒またはそれより極性の小さい溶媒に溶かす．吸着剤の層を，空気が入らないように移動相となる溶媒で湿らせてから，ただちに試料溶液を流し始める．試料溶液を注ぎ終えると，液が途切れないうちに移動相となる溶媒を注ぐ (これを展開という)．これらの操作中は，決して液を途切れさせてはならない．

　カラムの底部から流出する試料を含んだ液体を一定量ずつ集め，溶媒を留去

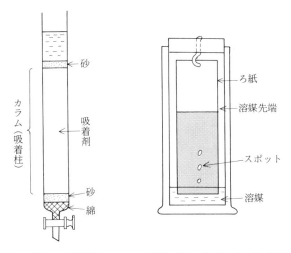

(a) カラムクロマトグラフィー　(b) ペーパークロマトグラフィー

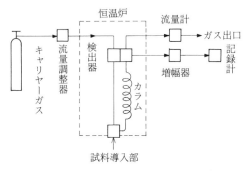

(c) ガスクロマトグラフィー

図 4-23 クロマトグラフィーの装置 (模式図)

して分離した化合物を集める.

　吸着剤としてはアルミナとシリカゲルが最もよく用いられる. 市販されている吸着剤の種類も多い. アルミナは活性も強く分離能もよいが, 市販の中性アルミナでも塩基性を示すので, アルカリで変質を受ける成分を扱う場合は注意を要する. 市販品を 200 ℃ 程度に 2～3 時間加熱して活性化して用いる. シリカゲルは, 100～200 メッシュの粒度のものがよく用いられている.

分離を効率的に行うには溶媒の選択が大切である．最初から溶出力の強い溶媒で展開すると，分離が不完全のまま溶出してしまう．一般に，炭化水素は最も吸着されにくいので，この分離の場合には溶出力の最も小さい展開溶媒を用いなければならない．逆に，極性の大きい置換基をもつケトンやアルコールなどは吸着親和力が大きいので，これらの分離には溶出力の大きい展開溶媒を使う．溶媒の溶出力の順位は系によって若干異なることもあるが，よく使う展開溶媒を，溶出力の小さいものから大きいものへと順に並べると，

　　　石油エーテル ＜ シクロヘキサン ＜ 四塩化炭素 ＜ ベンゼン ＜ クロロホル

　　　ム ＜ エーテル ＜ 酢酸エチル ＜ アセトン ＜ エタノール ＜ メタノール

である．系によっては，混合溶媒を使うと効果的な場合もある．

　以上は吸着剤を用いた場合であるが，このほか，固定相としてイオン交換樹脂やセファデックス (商品名) などの透過性ゲルを使用する場合もある．これらは，装置と操作は吸着型と似ているが，分配・分離の要因が異なり，前者は化合物の荷電によって分離するもので，イオン性物質やアミノ酸分析に有効であり，後者は分子のサイズによって分離する．

　なお，加圧装置と溶出液検出器を併用して，迅速な分析が可能な高速液体クロマトグラフィーもある．

　薄層クロマトグラフィー (Thin Layer Chromatography : TLC)　　カラムクロマトグラフィーの原理をガラス (またはプラスチックやアルミニウム) 板上に応用したものであり，それらの板の表面にシリカゲルあるいはアルミナの吸着剤を薄層にして塗布して用いる．混合物の単離 (分取) に利用できるが，反応の追跡や確認にも使われる．

　装置と操作は次に述べるペーパークロマトグラフィーと似ているので省略する．分析用に用いる場合には，キャピラリーで吸い上げた微量の試料溶液をシート下端に染め付けて展開後，分離されたスポットを検出試薬で呈色させたり，螢光で検出して，各スポットの移動率[*1]を測定し，実験条件とともに記録する．

＊1　移動率とは

$$移動率 = \frac{原点からスポット中心までの距離}{原点から展開溶媒先端までの距離}$$

であり，R_f と表記することがある．これは Rate of flow を略したものである．

ペーパークロマトグラフィー　　ペーパークロマトグラフィーは吸着剤としてろ紙を用いる．混合物をろ紙に保持された水層 (固定相) と展開溶媒である水を含む有機溶媒 (移動相) との間の各溶質の分配係数の差で分離する．この系は親水性物質，アミノ酸，ペプチド，核酸塩基などの分離に使われる．

最も簡単な装置の例を図 4-23 (b) に示す．試料混合物をろ紙の下端から約 2 cm のところに滴下し，展開溶媒の蒸気で飽和した密閉のクロマト槽内にろ紙を吊り下げる．溶媒は毛管現象でろ紙の先端に向かって上昇する (上昇法)．展開後，ろ紙を取り出し溶媒を蒸発させる[*1]．分離されたスポットが無色の場合は，試薬を吹き付けて呈色させる．この方法は主として分析用に用いられる．

ガスクロマトグラフィー　　ガスクロマトグラフィー (図 4-23 (c)) は，カラムクロマトグラフィーと同じ原理であるが，移動相は気体である．固定相には，固体 (活性炭，シリカゲル，モレキュラーシーブなど) の吸着剤を用いることもあるが，粘性の高い液体を不活性な担体上にコーティングしたもの，あるいは細い毛管カラムの内壁に塗布したものが使われる．炭化水素などの無極性物質の分離には，固定相液体としてシリコーン系またはアピエゾングリース (商品名) などが適し，極性の高い物質の分離には，カーボワックス (商品名) が適している．カラムは，適当な温度に加熱された小さな炉内に納まるようにコイル状に巻いてある．展開溶媒に相当するものはキャリヤーガスで，ヘリウムが広く用いられる．分取用として使うときは窒素でもよい．

分析試料はゴムの隔膜を通してマイクロシリンジ[*2]で速やかに注入する．試料がカラムを通過する間に，各成分の固定相とキャリヤーガスの分配の差によって分離される．分離された各成分はカラムから出るときに検出器[*3]を通り，そこで電気信号に変えられ，信号強度の時間変化として記録紙に記録される．

この方法は，反応混合物の前処理を必要とすることなく，少量の試料で短時間に成分数とその量を知ることができ，沸点 400 ℃ 程度までなら適用できる．

---

*1　この展開法は一次元方向のものであるが，展開溶媒を完全に除いてから，別の異なる溶媒系を用いて互いに直角方向に展開する二次元展開法もある．
*2　1–1000 μL の容量をもつ注射器．
*3　検出器として熱伝導度型と水素炎イオン化型がよく用いられる．

ピーク面積 (強度の時間積分) を求めると，成分の定量ができる[*1].

4–4　物質を同定する

　反応物を単離・精製した後で，元素分析によって，その物質を構成する元素の組成比を知ることは物質確認の第一歩である．以前は微量元素分析 (試料1～10 mg 程度) の技術は高度な熟練を要するものであったが，ガスクロマトグラフ法や熱伝導度法のコンピューター制御により，炭素，窒素，水素の重量パーセントを一度に自動分析できる．硫黄やハロゲン元素については別個に分析される．それ以外の元素については原子吸光法[15]) や吸光分析法 (通称，比色定量法)[15]) などが有効である．

　元素の組成比だけでは化学種を決めるのは難しい．試料中に含まれる化学種が既知の化学種と同一種であると確認することを物質の同定という．現在では，さまざまな同定法が使われているが，ここでは基本的なものについて簡単に述べる．

　質量分析[13])　　化合物をイオン化し，質量分析計で荷電あたりの質量に対する信号の強度を測定したスペクトルから化学種と質量を決定できる．クロマトグラフィーと組み合わせた質量分析計では，混合物を成分の純物質に分離すると同時に，元素分析と物質の同定を行うことが可能になっている．

　分光分析　　化学種の種類と構造を分子や原子レベルで決定するさまざまな方法が知られている．赤外線吸収スペクトル (通称 IR スペクトル) は，化学種の立体構造や原子間の結合力についての情報を得ることができる[16])．この方法は，有機化合物の同定に用いられてきた．また，核磁気共鳴吸収スペクトル (通称 NMR スペクトル) は，原子の結合状態をきわめて鋭敏に反映する[16])．特に水素原子核 (^{1}H) の核スピンの磁気共鳴線は水素が結合している周辺の原子団の結合とその強さを反映するので，化合物の同定によく用いられる．^{13}C や ^{31}P などの核スピンをもつ核種の NMR スペクトルも化合物の同定に利用される．しかし，核スピン 0 の原子や電子スピンの総和が 0 でない化学種については，

[*1]　絶対検量線法および内部標準法があるが，いずれも定量しようとする目的の試料を入手する必要がある．

核磁気共鳴吸収スペクトルは得られないから，他の方法が必要となる．化学種を構成している原子間の結合に関与している電子は，可視光線や紫外線を吸収する．したがって，物質の可視・紫外吸収スペクトルを測定することによって，化学種の同定が可能な物質も少なくない[15]．特に，有色物質の場合はその可能性が大きい．

　ここで述べたような方法を一括して分光分析法 (スペクトロメトリー) という[15]．分光分析法は物理と化学の進歩・発展と並行して発達している．したがって，目的に最適の手段の選択には最新の知識が必要となる．

4–5　測定誤差とデータの取り扱い

　分離・精製を十分に行った物質や高純度の薬品を試料にして，その物質のいろいろな性質を測定したとしても，測定値には次のような原因で必ず誤差が入り込んでくる[*1](p.30，備考 1 参照)．

①　温度などの条件が一定でないために起こる対象物質の性質のばらつき，

②　作動条件が一定でないために起こる測定機器の性能のばらつき，

③　測定機器の示度のずれ．

　このような誤差は，測定を繰り返し，機器を校正し，データを適切に処理すれば小さくしたり，除去したりできる．

偶然誤差 (ばらつき誤差)

　測定対象と測定機器の状態のばらつきは，最確値を中心にして測定値にばらつきをもたらす．このばらつきは偶然 (確率的) に起こるので，偶然誤差と呼ばれる．補正の方法がないかわりに統計的手法が使える．

　まず，同一測定を少なくとも 3 回以上行おう．それらがある範囲内で一致すること (再現性) を確かめ，繰り返し回数を多くして平均値をとる．ただし，1，2 の結果がこの平均値よりも著しく違う場合には，測定の誤りであるかもしれないので，平均するデータから除外したほうがよい．

---

*1　不注意や過失，たとえば目盛を読み (書き) 間違った結果として生じた誤りは誤差ではなく，測定に十分な準備と注意を払えば除ける．

また，後で述べるように，条件を変えて測定した場合には，最小自乗法で最確値を推定する．

系統誤差 (校正と補正)

目盛のついた測定器に示度のずれがあれば，その分だけくるいが生じる．これを系統誤差という．測定器を校正し，目盛のずれがわかれば，測定値をずれの分だけ補正する．

たとえば，容量器具の表示容量は 20 ℃ での値である．その検定は，純水の質量測定と密度を使って行う．その際に，空気の浮力の影響も考慮する．

どのような測定器でも，広い範囲で同じ精度をもつことはできないので，測定機器の校正と測定値の補正が必要である．

最 小 自 乗 法

同じ条件で何回も実験を行って，最確値を求めるには，平均値をとればよいが，条件を変えて実験した一群の測定値に対しては，平均操作は使えず，その結果を解析的にまとめるには最小自乗法が適している．

2 つの測定値 x と y が，たとえば次の関係式で表されるとき，

$$y = ax + b$$

係数 a, b の最適値は以下のようにして決める．

n 回の測定に対して $(x_1, y_1), \cdots, (x_i, y_i), \cdots, (x_n, y_n)$ の値が得られているとしよう．今，仮に a, b の最適値がわかったとして，$ax_i + b$ の値を求めると，ふつうこの y の値は実測値 y_i からずれている．計算値と実測値のこの差を e_i とすると

$$ax_i + b - y_i = e_i$$

最小自乗法では，n 個の e_i の自乗の和 S を最小にするように a, b の値を決める[*1]．S を展開すると，

[*1] 各測定値の精度が異なる場合には，重みを付ける．

$$S = \sum e_i{}^2 = \sum (ax_i + b - y_i)^2$$

$$= a^2 \sum x_i{}^2 + nb^2 + 2ab \sum x_i - 2a \sum x_i y_i - 2b \sum y_i + \sum y_i{}^2$$

S が最小になるための必要な条件は次の2式である.

$$\frac{\partial S}{\partial a} = 0 = 2a \sum x_i{}^2 + 2b \sum x_i - 2 \sum x_i y_i$$

$$\frac{\partial S}{\partial b} = 0 = 2nb + 2a \sum x_i - 2 \sum y_i$$

この連立方程式を解くと,次のように a, b が求まる.

$$a = \frac{n \sum x_i y_i - \sum x_i \sum y_i}{n \sum x_i{}^2 - (\sum x_i)^2}$$

$$b = \frac{\sum x_i{}^2 \sum y_i - \sum x_i \sum x_i y_i}{n \sum x_i{}^2 - (\sum x_i)^2}$$

　n が多い場合には,方眼紙に各点 (x_i, y_i) をプロットし,散らばった点の中央を通る直線を引く.直線の引き方は各点の y_i の値が直線から上や下に同じようにずれるようにする.この直線の切片および勾配は,S を最小とするようにして求めた a, b とかなりよく一致する.

補 間 と 補 外

　とびとびの測定値,あるいは便覧に載っている水の密度などの値 (表の形で与えられたデータ) から,理論式や経験式を用いてその中間の値を推定することがある.そのようなとき補間法を使う.たとえば,x_1, x_2 に対し,y_1, y_2 の値がわかっているとき,x_i $(x_1 < x_i < x_2)$ の値に対する y_i の値を求める方法を補間法 (または内挿法) という.最も簡単な方法は,比例配分である.

　また,与えられた x の範囲外の x の値について y の値を求めることを補外または外挿という.関係式が直線関係にないときの補外は,一般に正しい値を得

るのが難しい.

5

無機化学実験[19, 20)]

5–1　陽イオンの反応

　正の電荷を帯びた原子または原子団を陽イオンという．周期表における s-, d-および f-ブロック元素は陽イオンになりやすい元素群である．p-ブロック元素でも，周期表の左上から右下に引いた対角線より下にある元素は陽イオンになりやすい．このように，陽イオンは数多く存在するが，ここでは取り扱いが比較的簡単で，さまざまな場所でその化合物を目にしたり，利用する陽イオンをとりあげる．

　以下の実験を通して，これらの陽イオン群について，その共通点と相違点を考察する．

実 験 の 原 理

　陽イオンと陰イオンは，溶液中ではそれぞれ溶媒和して溶けているが，適当な条件になると，陽イオンと陰イオンが結合して沈殿あるいは結晶として析出する．

　一方，配位しやすいイオンや分子を加えると，錯陽イオンや錯陰イオンを形成し，いったん析出した沈殿が再び溶ける場合がある．このような反応を組み合わせると，化合物の単離や精製を行うことができる．さらに，あるイオンに特異的に反応する配位子を探し出し，特定のイオンを含む化合物の単離に用いることがある．

薬 品 ・ 器 具

試料溶液	化合物の化学式
$0.1\,\mathrm{mol\,L^{-1}}$ 硝酸銀 (I)	$AgNO_3$
$0.1\,\mathrm{mol\,L^{-1}}$ 硝酸鉛 (II)	$Pb(NO_3)_2$
$0.1\,\mathrm{mol\,L^{-1}}$ 硝酸銅 (II)	$Cu(NO_3)_2 \cdot 3H_2O$
$0.1\,\mathrm{mol\,L^{-1}}$ 硝酸カドミウム (II)	$Cd(NO_3)_2 \cdot 4H_2O$
$0.1\,\mathrm{mol\,L^{-1}}$ 塩化スズ (II) ($2\,\mathrm{mol\,L^{-1}}$ 塩酸溶液)	$SnCl_2 \cdot 2H_2O$
$0.1\,\mathrm{mol\,L^{-1}}$ 硝酸鉄 (III) ($0.01\,\mathrm{mol\,L^{-1}}$ 硝酸溶液)	$Fe(NO_3)_3 \cdot 9H_2O$
$0.1\,\mathrm{mol\,L^{-1}}$ 硝酸アルミニウム ($0.01\,\mathrm{mol\,L^{-1}}$ 硝酸溶液)	$Al(NO_3)_3 \cdot 9H_2O$
$0.1\,\mathrm{mol\,L^{-1}}$ 硝酸クロム (III) ($0.01\,\mathrm{mol\,L^{-1}}$ 硝酸溶液)	$Cr(NO_3)_3 \cdot 9H_2O$
$0.1\,\mathrm{mol\,L^{-1}}$ 硝酸マンガン (II) ($0.01\,\mathrm{mol\,L^{-1}}$ 硝酸溶液)	$Mn(NO_3)_2 \cdot 6H_2O$
$0.1\,\mathrm{mol\,L^{-1}}$ 硝酸亜鉛 (II)	$Zn(NO_3)_2 \cdot 6H_2O$
$0.1\,\mathrm{mol\,L^{-1}}$ 硝酸ニッケル (II)	$Ni(NO_3)_2 \cdot 6H_2O$
$0.1\,\mathrm{mol\,L^{-1}}$ 硝酸コバルト (II)	$Co(NO_3)_2 \cdot 6H_2O$
$0.1\,\mathrm{mol\,L^{-1}}$ 硝酸バリウム	$Ba(NO_3)_2$
$0.1\,\mathrm{mol\,L^{-1}}$ 硝酸ストロンチウム	$Sr(NO_3)_2 \cdot 4H_2O$
$0.1\,\mathrm{mol\,L^{-1}}$ 硝酸カルシウム	$Ca(NO_3)_2 \cdot 4H_2O$
$0.2\,\mathrm{mol\,L^{-1}}$ 硝酸マグネシウム ($0.01\,\mathrm{mol\,L^{-1}}$ 硝酸溶液)	$Mg(NO_3)_2 \cdot 6H_2O$
$0.2\,\mathrm{mol\,L^{-1}}$ 硝酸ナトリウム	$NaNO_3$
$0.2\,\mathrm{mol\,L^{-1}}$ 硝酸カリウム	KNO_3

試薬溶液	化合物の化学式
$12\,\mathrm{mol\,L^{-1}}$ 濃塩酸	HCl
$6\,\mathrm{mol\,L^{-1}}$ 塩酸	HCl
$1\,\mathrm{mol\,L^{-1}}$ 塩酸	HCl
$6\,\mathrm{mol\,L^{-1}}$ 硝酸	HNO_3
$0.5\,\mathrm{mol\,L^{-1}}$ 硫酸	H_2SO_4
$6\,\mathrm{mol\,L^{-1}}$ 酢酸	CH_3COOH
$15\,\mathrm{mol\,L^{-1}}$ 濃アンモニア水	NH_3
$6\,\mathrm{mol\,L^{-1}}$ アンモニア水	NH_3
$4\,\mathrm{mol\,L^{-1}}$ アンモニア水	NH_3
$1\,\mathrm{mol\,L^{-1}}$ アンモニア水	NH_3
$0.1\,\mathrm{mol\,L^{-1}}$ アンモニア水	NH_3
$6\,\mathrm{mol\,L^{-1}}$ 水酸化ナトリウム	$NaOH$
$1\,\mathrm{mol\,L^{-1}}$ 水酸化ナトリウム	$NaOH$
$0.1\,\mathrm{mol\,L^{-1}}$ 水酸化ナトリウム	$NaOH$

1.5 mol L^{-1} クロム酸カリウム	K$_2$CrO$_4$
0.5 mol L^{-1} クロム酸カリウム	K$_2$CrO$_4$
0.5 mol L^{-1} 二クロム酸カリウム	K$_2$Cr$_2$O$_7$
1 mol L^{-1} シアン化カリウム	KCN
0.1 mol L^{-1} シアン化カリウム	KCN
1 mol L^{-1} ヨウ化カリウム	KI
0.5 mol L^{-1} ヨウ化カリウム	KI
0.5 mol L^{-1} 臭化カリウム	KBr
0.5 mol L^{-1} 塩化ナトリウム	NaCl
3% 過酸化水素水	H$_2$O$_2$
5% 次亜塩素酸ナトリウム	NaClO
0.1% フェノールフタレイン (1/1 水・メタノール溶液)	
0.1 mol L^{-1} 硝酸アンモニウム	NH$_4$NO$_3$
1 mol L^{-1} 酢酸アンモニウム	CH$_3$COONH$_4$
1 mol L^{-1} シュウ酸アンモニウム	(NH$_4$)$_2$C$_2$O$_4$·H$_2$O
1 mol L^{-1} 炭酸アンモニウム	(NH$_4$)$_2$CO$_3$·H$_2$O
0.5 mol L^{-1} 硫酸アンモニウム	(NH$_4$)$_2$SO$_4$
飽和塩化アンモニウム	NH$_4$Cl
0.3 mol L^{-1} リン酸水素アンモニウム	(NH$_4$)$_2$HPO$_4$·12H$_2$O
0.025 mol L^{-1} 酢酸鉛	Pb(CH$_3$COO)$_2$·3H$_2$O
0.025 mol L^{-1} ヘキサシアニド鉄 (II) 酸カリウム	K$_4$[Fe(CN)$_6$]·3H$_2$O
0.03 mol L^{-1} ヘキサシアニド鉄 (III) 酸カリウム	K$_3$[Fe(CN)$_6$]
亜硝酸カリウム (固体)	KNO$_2$
0.2% アルミノン試薬	
0.1 mol L^{-1} チオシアン酸アンモニウム	NH$_4$NCS
ポリ硫化ナトリウム[*1]	Na$_2$S$_x$
0.5% ジエチルアニリン	
1% ジメチルグリオキシム	
0.1% α-ニトロソ-β-ナフトール	

尖形管，撹拌棒，スポイト，メスシリンダー，ビーカー (50 mL, 100 mL)，試験管挟み，ブンゼンバーナー，三脚，金網，硫化水素発生装置 (p.11 参照)，洗瓶，ろ紙，遠心分離機.

[*1] 水酸化ナトリウム 120 g，硫化ナトリウム九水和物 40 g，硫黄 0.4 g を精製水に溶かして 1 L の溶液にする．不溶物が生じた場合は，ろ過する.

実験 1　銀 (I) イオン, 鉛 (II) イオン

①　2 本の尖形管に 2 種類の試料溶液 ($0.1\,\mathrm{mol\,L^{-1}}$ 硝酸銀 (I), $0.1\,\mathrm{mol\,L^{-1}}$ 硝酸鉛 (II)) をそれぞれ 5 滴ずつとり, 塩酸 ($1\,\mathrm{mol\,L^{-1}}$) を撹拌しながら 1 滴ずつ 3 滴くらい加える. つぎに加温して変化を見る.

②　①の反応物を放冷し, 生じた沈殿を遠心分離する (p.41 参照). これらの沈殿のそれぞれに撹拌しながら濃塩酸 ($12\,\mathrm{mol\,L^{-1}}$) を 1 滴ずつ何滴か加えて変化を見る. 沈殿が溶けないときには加温する[*1]. つぎに溶液を水で希釈する.

③　①と同様の方法でつくったそれぞれの沈殿に, 濃アンモニア水 ($15\,\mathrm{mol\,L^{-1}}$) を撹拌しながら 1 滴ずつ 5 滴くらいまで加える. 沈殿が残っているものは遠心分離し, 上澄み液を別の尖形管に移す. それぞれの液に 1 滴のフェノールフタレイン溶液を加え, 赤色の消えるまで塩酸 ($1\,\mathrm{mol\,L^{-1}}$) を滴下する.

④　①と同様の実験を, 塩酸のかわりに $0.5\,\mathrm{mol\,L^{-1}}$ の塩化ナトリウム, 臭化カリウム, ヨウ化カリウム溶液を用いて行う.

⑤　2 本の尖形管に銀 (I), 鉛 (II) 試料溶液 ($0.1\,\mathrm{mol\,L^{-1}}$ 硝酸銀 (I), $0.02\,\mathrm{mol\,L^{-1}}$ 硝酸鉛 (II)) を 2 滴ずつとり, 水 1 mL を加える. この溶液のそれぞれにクロム酸カリウム溶液 ($1.5\,\mathrm{mol\,L^{-1}}$) 2 滴を加えて撹拌する.

⑥　⑤で生じた沈殿のそれぞれを水洗した後に $6\,\mathrm{mol\,L^{-1}}$ のアンモニア水, 塩酸, 硝酸, および水酸化ナトリウム溶液との反応を試みる.

⑦　2 本の尖形管にそれぞれ 1 mL の水をとり, 硝酸銀 (I) 溶液 ($0.1\,\mathrm{mol\,L^{-1}}$) を 2 滴ずつ加える. 別の尖形管に 2 mL の水を入れ, シアン化カリウム溶液 ($1\,\mathrm{mol\,L^{-1}}$) を 2 滴加える (注1). 上の硝酸銀 (I) 溶液の入った尖形管の一方に, このシアン化カリウム溶液を撹拌しながら 1 滴ずつ加える. 生じた沈殿が溶けたところで滴下をやめ, この溶液に, もう 1 本の尖形管に入った硝酸銀 (I) 溶液を撹

[*1]　塩化物イオンが大過剰に存在すると, 銀 (I) イオンは以下のような錯イオンを生成し, 沈殿生成が不十分となることがある.

$$\mathrm{AgCl} + \mathrm{Cl}^- \rightleftarrows [\mathrm{AgCl_2}]^- \qquad [\mathrm{AgCl_2}]^- + \mathrm{Cl}^- \rightleftarrows [\mathrm{AgCl_3}]^{2-}$$

注1　シアン化カリウム溶液と酸を混ぜることは, 非常に危険である. シアン化物イオンの入った実験廃液は, 必ず強アルカリ溶液の入った専用の廃液瓶に保存せよ (p.13 参照).

拌しながら1滴ずつ加える．生じた沈殿を遠心分離法で精製し取り出す[*1]．この沈殿をろ紙にとり光にさらしてみる．

実験2 銅 (II) イオン，カドミウム (II) イオン

① 2本の尖形管に硝酸銅 (II) 溶液 ($0.1\,\mathrm{mol\ L^{-1}}$) をそれぞれ2滴とり，水1mLを加えた後，硫化水素を通じる．遠心分離法によって得られたそれぞれの沈殿に対して，片方に硝酸 ($6\,\mathrm{mol\ L^{-1}}$) を5滴加えて湯浴中で加温する．もう一方の沈殿には塩酸 ($6\,\mathrm{mol\ L^{-1}}$) を1mL加えて，湯浴中で加温する．

② 尖形管に硝酸カドミウム (II) 溶液 ($0.1\,\mathrm{mol\ L^{-1}}$) を2滴とり，水1mLと1滴の塩酸 ($6\,\mathrm{mol\ L^{-1}}$) を加え硫化水素を通じる．生じた沈殿を遠心分離し，硝酸アンモニウム溶液 ($0.1\,\mathrm{mol\ L^{-1}}$) 1滴を含む硫化水素水で洗い[*2]，沈殿を再び遠心分離する．この沈殿に1mLの塩酸 ($6\,\mathrm{mol\ L^{-1}}$) を加え，湯浴中で加温する．

③ 尖形管に硝酸銅 (II) 溶液 ($0.1\,\mathrm{mol\ L^{-1}}$) を4滴とり，水1mLを加えアンモニア水 ($1\,\mathrm{mol\ L^{-1}}$) を1-2滴加える．生じた沈殿にさらにアンモニア水 ($6\,\mathrm{mol\ L^{-1}}$) を1滴ずつ加えて変化を見る[*3]．

④ 尖形管に硝酸カドミウム (II) 溶液 ($0.1\,\mathrm{mol\ L^{-1}}$) 4滴と1mLの水を加え，撹拌しながらアンモニア水 ($6\,\mathrm{mol\ L^{-1}}$) を1滴ずつ加える．生じた沈殿にさらに濃アンモニア水 ($15\,\mathrm{mol\ L^{-1}}$) を1滴ずつ加えて変化を見る[*4]．

⑤(注1) ③，④ で得られた溶液をそれぞれ二分し，片方に硫化水素を通じる．③ の溶液のもう一方に，シアン化カリウム溶液 ($1\,\mathrm{mol\ L^{-1}}$) を液の青色が

注1 実験廃液はすべて専用のシアン廃液に保存せよ．

[*1] シアン化物イオンが過剰に存在すると，以下のような錯イオンを生成する．

$$Ag^+ + CN^- \rightleftharpoons AgCN$$

$$AgCN + CN^- \rightleftharpoons [Ag(CN)_2]^-$$

$$[Ag(CN)_2]^- + Ag^+ \rightleftharpoons 2AgCN$$

[*2] 硝酸アンモニウムを用いないと，硫化カドミウム (II) はコロイドになる．

[*3] 過剰のアンモニアの存在で以下のような錯イオンを形成する．

$$Cu(OH)_2 + nNH_3 \rightleftharpoons [Cu(NH_3)_n]^{2+} + 2OH^- \quad (6 \geqq n \geqq 4)$$

[*4] 過剰のアンモニアの存在で以下のような錯イオンを形成する．

$$Cd(OH)_2 + 4NH_3 \rightleftharpoons [Cd(NH_3)_4]^{2+} + 2OH^-$$

消失するまで加え*1，硫化水素を通じる．④ の溶液のもう一方に，シアン化カリウム溶液 (0.1 mol L^{-1}) 4 滴を加え，硫化水素を通じる．

⑥(注1)　尖形管に硝酸カドミウム (II) 溶液 (0.1 mol L^{-1}) を 5 滴とり，1 mL の水を加え，シアン化カリウム溶液 (0.1 mol L^{-1}) を 1 滴ずつ加えて沈殿の変化を見る*2．さらに，沈殿が溶解したら硫化水素を通じてみる．

⑦(注1)　2 本の尖形管に，硝酸銅 (II) 溶液 (0.1 mol L^{-1}) および硝酸カドミウム (II) 溶液 (0.1 mol L^{-1}) をそれぞれ 4 滴とり，さらに水 0.5 mL を加えた後，それぞれに 10 滴のヘキサシアニド鉄 (II) 酸カリウム溶液 (0.025 mol L^{-1}) を加える．

実験 3　スズ (II) イオン

①　塩化スズ (II) 溶液 (0.1 mol L^{-1})2 滴に水 1 mL を加えて，硫化水素を通じる．

②　① で生じた沈殿にポリ硫化ナトリウム溶液*3を 1 mL 加えて加熱する．この溶液に塩酸 (6 mol L^{-1}) を沈殿がもはや析出しなくなるまで滴下する*4．

③　1 滴の塩化スズ (II) 溶液 (0.1 mol L^{-1}) に水酸化ナトリウム溶液 (0.1 mol L^{-1}) 5 滴を滴下する．さらに，水酸化ナトリウム溶液 (1 mol L^{-1}) を加えてその変化を観察する*5．

注1　実験廃液はすべて専用のシアン廃液瓶に保存せよ．
*1　2 価の銅イオンはシアン化物イオンによって 1 価の銅イオンへと還元される．その結果，生成した錯イオン [Cu(CN)$_4$]$^{3-}$ は，硫化水素を通じても硫化物の沈殿を与えない．

$$Cu^{2+} + 2CN^- \rightleftharpoons Cu(CN)_2$$
$$2Cu(CN)_2 \rightleftharpoons 2CuCN + (CN)_2$$
$$CuCN + 3CN^- \rightleftharpoons [Cu(CN)_4]^{3-}$$

*2　$Cd^{2+} + 2CN^- \rightleftharpoons Cd(CN)_2$
$$Cd(CN)_2 + 2CN^- \rightleftharpoons [Cd(CN)_4]^{2-}$$

*3　Na$_2$S$_x$ で表される化合物の総称で，$x = 2$〜6 のものが知られている．ポリ硫化物イオン (S$_x^{2-}$) は，[S–S–$\cdots$]$^{2-}$ のように硫黄原子が鎖状に連なっている．
*4　2 価のスズイオンはポリ硫化ナトリウムの存在で 4 価のチオスズ酸イオンとなって溶けるが，塩酸を作用させることにより硫化スズ (IV) となって沈殿を与える．
*5　$Sn^{2+} + 2OH^- \longrightarrow Sn(OH)_2$
$$Sn(OH)_2 + 2OH^- \longrightarrow [Sn(OH)_4]^{2-}$$

実験 4 鉄 (III) イオン，アルミニウムイオン，クロム (III) イオン，マンガン (II) イオン

① 1 mL の水に 4 滴の硝酸鉄 (III) 溶液 (0.1 mol L^{-1}) を加える．これに 2 滴の塩酸 (1 mol L^{-1}) と 2 滴のヘキサシアニド鉄 (II) 酸カリウム溶液 (0.025 mol L^{-1}) を加える[*1]．

② 1 mL の水に 4 滴の硝酸鉄 (III) 溶液 (0.1 mol L^{-1}) を加え，1 滴の塩酸 (1 mol L^{-1}) と 2 滴のチオシアン酸アンモニウム溶液 (0.1 mol L^{-1}) を加える[*2]．

③ 1 mL の水に 1 滴のアンモニア水 (15 mol L^{-1}) を加え，この溶液に硝酸クロム (III) 溶液 (0.1 mol L^{-1}) を 1 滴加える．これを湯浴中で加温する．

④ 1 mL の水に 1 滴の硝酸クロム (III) 溶液 (0.1 mol L^{-1}) と 1 滴の水酸化ナトリウム溶液 (6 mol L^{-1}) を加える．これに 3%過酸化水素水を 1 滴加え，湯浴中で加温する．この溶液に 1 滴のフェノールフタレインを加え，その赤色が消失するまで酢酸 (6 mol L^{-1}) を加え，さらに 3 滴過剰に加える．これを二分し，一方に 1 滴の酢酸鉛溶液 (0.025 mol L^{-1}) を，他方に 1 滴の硝酸銀 (I) 溶液 (0.1 mol L^{-1}) を加える．

⑤ 1 mL の水に約 5 滴の硝酸アルミニウム溶液 (0.1 mol L^{-1}) を加え，さらにアンモニア水 (6 mol L^{-1}) を沈殿が生じるまで 1 滴ずつ加え，これを加温する．

⑥ 1 mL の水に約 5 滴の硝酸アルミニウム溶液 (0.1 mol L^{-1}) を加え，これに水酸化ナトリウム溶液 (1 mol L^{-1}) を 1 滴ずつ加えて変化を見る．

⑦ 2 本の尖形管に 1 mL の水をとり，一方にのみ 3 滴の硝酸アルミニウム

[*1]　$Fe^{3+} + K_4[Fe(CN)_6] \longrightarrow K[Fe^{III}Fe^{II}(CN)_6]$ (プルシアンブルー)
$Fe^{2+} + K_3[Fe(CN)_6] \longrightarrow K[Fe^{II}Fe^{III}(CN)_6]$ (ターンブルブルー)
これらは同一物質であるというのが，今日の定説である．

[*2]　$Fe^{3+} + xNCS \rightleftharpoons [Fe(NCS)_x(H_2O)_{6-x}]^{(3-x)+}$

(0.1 mol L^{-1}) 溶液を加え，おのおのに，アルミノン試薬[*1]を 3 滴ずつ加えて湯浴中で加温してから，5 滴の炭酸アンモニウム溶液 (1 mol L^{-1}) を加える．

⑧　1 mL の水を尖形管にとり，煮沸して空気を追い出す．これに 1 滴のアンモニア水 (6 mol L^{-1}) を加え，さらに 1 滴の硝酸マンガン (II) 溶液 (0.1 mol L^{-1}) を加える．この液にアンモニア水 (6 mol L^{-1}) を 5 滴加えてから 3% 過酸化水素水を 1 滴加える[*2]．

実験 5　亜鉛 (II) イオン，ニッケル (II) イオン，コバルト (II) イオン

①　1 mL の水に 2 滴の硝酸亜鉛 (II) 溶液 (0.1 mol L^{-1}) を加え，アンモニア水 (0.2 mol L^{-1}) を 1 滴ずつ滴下して変化を見る．

②　① のアンモニア水のかわりに水酸化ナトリウム溶液 (0.2 mol L^{-1}) を用いて同様の実験をする．

③　2 本の尖形管に 1 mL の水と 1 滴の硝酸亜鉛 (II) 溶液 (0.1 mol L^{-1}) を入れ，一方にジエチルアニリン溶液 1 滴を加えた後，両方にヘキサシアニド鉄 (III) 酸カリウム溶液 (0.03 mol L^{-1}) 1 滴を加える[*3]．

④　2 本の尖形管に，おのおの 1 mL の水と 1 滴のアンモニア水 (6 mol L^{-1}) を加える．両方に，硝酸ニッケル (II) 溶液 (0.1 mol L^{-1}) を沈殿が生じるまで滴下する．一方に 3 滴のアンモニア水 (6 mol L^{-1}) を加え，他方に 5 滴の酢酸アンモニウム溶液 (6 mol L^{-1}) を加え，両方を湯浴中で 1–2 分間温める．

*1

アルミノン（アウリントリカルボン酸アンモニウム）

*2　水酸化マンガン (II) の白色沈殿は，空気中の酸素や溶液中の溶存酸素で酸化されて酸化水酸化マンガン (III)(MnO(OH)) になり淡黄褐色になる．

*3　亜鉛 (II) イオンの存在下で，ジエチルアニリンがヘキサシアニド鉄 (III) 酸イオンによって酸化されると赤色のキノイド化合物になる．これが Zn$_2$[Fe^{II}(CN)$_6$] の沈殿に染めつく結果，赤褐色となる．

⑤　1 mL の水に，撹拌しながら水酸化ナトリウム溶液 (6 mol L^{-1}) と硝酸ニッケル (II) 溶液 (0.1 mol L^{-1}) を 1 滴ずつ加える．さらに 3 滴の水酸化ナトリウム溶液 (6 mol L^{-1}) を加えてみる．

⑥　1 mL の水，1 滴のジメチルグリオキシム溶液および 1 滴の炭酸アンモニウム溶液 (1 mol L^{-1}) を加えた尖形管を 3 本用意する．これに 0.1 mol L^{-1} の硝酸亜鉛 (II) 溶液，硝酸ニッケル (II) 溶液，硝酸コバルト (II) 溶液を 1 滴ずつ個別に加えてみる[*1]．

⑦　2 本の尖形管に 1 mL ずつの水を入れ，一方に 2 滴の飽和塩化アンモニウム溶液を加える．両方に 2 滴の硝酸コバルト (II) 溶液 (0.1 mol L^{-1}) と 2 滴のアンモニア水 (0.1 mol L^{-1}) を加える．さらに 3 滴のアンモニア水 (6 mol L^{-1}) を両方に加えてみる．

⑧　1 mL の水に 1 滴の水酸化ナトリウム溶液 (6 mol L^{-1}) を加える．次に 1 滴の硝酸コバルト (II) 溶液 (0.1 mol L^{-1}) を加えてみる．

⑨　0.5 mL の水に 4 滴の酢酸 (6 mol L^{-1}) を加え，これに 4 滴の硝酸コバルト (II) 溶液 (0.1 mol L^{-1}) を加える．さらに亜硝酸カリウムの結晶を 1,2 粒加えて撹拌する．

⑩　1 mL の水に 2 滴の硝酸コバルト (II) 溶液 (0.1 mol L^{-1}) を加え，さらに 2 滴の酢酸 (6 mol L^{-1}) を加える．これに α-ニトロソ-β-ナフトール溶液を 2 滴加え，湯浴中で温める[*2]．

⑪　0.1 mol L^{-1} の硝酸亜鉛 (II) 溶液，硝酸ニッケル (II) 溶液，硝酸コバルト (II) 溶液 2 滴ずつを個別に尖形管にとり，それぞれに水 1 mL と 1 滴の塩酸 (6 mol L^{-1}) を加えてから硫化水素を通じる．

⑫　⑪ の塩酸のかわりに 2 滴の酢酸 (6 mol L^{-1}) を加えて，同じ実験を行う．沈殿を遠心分離法によって分離し，上澄み液のほうに 1 滴の濃アンモニア

[*1]

赤色

[*2]

α-ニトロソ-β-ナフトール

水 (15 mol L^{-1}) を加えて湯浴中で加温する.

⑬　⑪と同じ実験を, 塩酸のかわりに 1 滴の飽和塩化アンモニウム溶液と 2 滴のアンモニア水 (6 mol L^{-1}) を加え, 同じ実験を行う.

⑪〜⑬の結果を表にまとめ, 付表 8 の溶解度積を参考にして考察する. 特に, ⑫の上澄み液にアンモニア水を加える実験の結果からわかることを考察する.

実験 6　バリウムイオン, ストロンチウムイオン, カルシウムイオン

①　試料溶液 (0.1 mol L^{-1} 硝酸バリウム, 0.1 mol L^{-1} 硝酸ストロンチウム, 0.1 mol L^{-1} 硝酸カルシウム) 1 滴ずつを個別の尖形管にとり, それぞれに 2 mL の水と 1 滴のアンモニア水 (6 mol L^{-1}) を加える.

②　①と同じようにして, アンモニア水の代わりに炭酸アンモニウム溶液 (1 mol L^{-1}) を 1 滴加える.

③　①と同じようにして, アンモニア水の代わりに硫酸アンモニウム溶液 (0.5 mol L^{-1}) を 1 滴加え, しばらく放置する.

④　試料溶液 (0.1 mol L^{-1} 硝酸バリウム, 0.1 mol L^{-1} 硝酸ストロンチウム, 0.1 mol L^{-1} 硝酸カルシウム) 1 滴ずつを個別の尖形管にとり, それぞれに 1 mL の水と 1 滴のクロム酸カリウム溶液 (1.5 mol L^{-1}) を加える. この沈殿を二分し, 一方には 1 滴の硝酸 (6 mol L^{-1}), 他方に 1 滴の酢酸 (6 mol L^{-1}) を加えてみる.

実験 7　炎 色 反 応

バリウムイオン, ストロンチウムイオン, カルシウムイオンの試料溶液 1 滴ずつを個別の尖形管にとり, それぞれに 1 mL の水と 1 滴のシュウ酸アンモニウム溶液 (1 mol L^{-1}) を加える. 生成した沈殿を遠心分離し, 水 1 mL で洗浄する.

清浄な白金線の小さな輪をつくり, それを洗浄した沈殿中に差し込み, 濃塩酸の発煙に 2–3 秒さらしてからブンゼンバーナーの酸化炎 (p.32 参照) に入れて, 炎色を調べる.

実験 8   マグネシウムイオン

① 2本の尖形管にそれぞれ 1 mL の試料溶液 (0.2 mol L^{-1} 硝酸マグネシウム (0.01 mol L^{-1} 硝酸溶液)) をとり，片方のみに 2 滴の飽和塩化アンモニウム溶液を加えた後，両方の尖形管にアンモニア水 (6 mol L^{-1}) を 2, 3 滴加える[*1].

② 1 mL の水に 1 滴の試料溶液 (0.2 mol L^{-1} 硝酸マグネシウム (0.01 mol L^{-1} 硝酸溶液))，3 滴の飽和塩化アンモニウム溶液，1 滴のアンモニア水 (4 mol L^{-1})，さらに 1 滴のリン酸アンモニウム溶液 (0.3 mol L^{-1}) を加える[*2].

実験 9   カリウムイオンとナトリウムイオンの炎色反応

試料溶液 (0.2 mol L^{-1} 硝酸カリウム，0.2 mol L^{-1} 硝酸ナトリウム) をおのおの 1 滴ずつ尖形管にとり，弱い炎で蒸発乾固する．生じた残渣の炎色反応を白金線で試みる．カリウムの場合は混じっている少量のナトリウムの炎色によって検出を妨げられる．そのような場合には，コバルトガラスを透かして見るとカリウムの炎色だけが認められる．

---

*1   マグネシウムイオンは，アンモニウム塩を含まない中性溶液から，水酸化マグネシウムの白色コロイドを生じる．
*2 $Mg^{2+} + HPO_4{}^{2-} + NH_3 + 6H_2O \longrightarrow NH_4MgPO_4 \cdot 6H_2O$

5–2　陽イオンの系統分析

実験の原理と方法

　水溶液中の陽イオンは，種々の試薬との反応により沈殿として分離することができる．各陽イオンの特性を利用して段階的に分離し，含まれているイオンの種類を決定する方法を陽イオンの系統分析という．

　どの段階で沈殿となるかによって，イオンをいくつかの族に分類することができる．これは分析操作上の分類であって，周期表の族とは別なものである．

　分類の仕方は分析法によって多少異なるが，本書では次のような分類法を採用する．

①　塩酸を加えると塩化物の沈殿を生じる陽イオン，銀 (I)，鉛 (II) および水銀 (I) が第 1 族陽イオンである．系統分析で最初の一群として分離される．

②　第 1 族陽イオンを除いた溶液を $0.3\,\mathrm{mol\,L^{-1}}$ 塩酸酸性とし，硫化水素を通じると，硫化物の沈殿を生じる鉛 (II)，銅 (II)，カドミウム (II)，ビスマス (III)，水銀 (II)，ヒ素 (III, V)，アンチモン (III, V) およびスズ (II, IV) が第 2 族陽イオンである．

　　このうちポリ硫化ナトリウムを加えて加熱した際に，溶けないで沈殿のまま残るものが第 2 族 A，溶けて溶液となるものが第 2 族 B である．

　　第 2 族 A には，銅 (II)，カドミウム (II)，ビスマス (III) および第 1 族のときに十分に沈殿しなかった鉛が含まれる．

　　ポリ硫化ナトリウム ($\mathrm{Na_2S}_x$) のかわりにポリ硫化アンモニウム ($\mathrm{(NH_4)_2S}_x$) を用いると硫化水銀 (II) は溶解しないので，水銀 (II) は第 2 族 A に分類される．

③　第 1 族と第 2 族陽イオンを除いた溶液に，塩化アンモニウムを加えアンモニア水でアルカリ性としたときに，水酸化物として沈殿する鉄 (III)，アルミニウム，クロム (III) およびマンガン (II) は第 3 族陽イオンに分類される．

④　第 1〜3 族までの陽イオンを除いた溶液を酢酸酸性にして硫化水素を通じたときに硫化物として沈殿する亜鉛 (II)，およびアンモニアアルカリ性に

して硫化アンモニウムを加えたときに硫化物として沈殿するニッケル (Ⅱ) とコバルト (Ⅱ) が第 4 族陽イオンである.

⑤　第 1〜4 族までの陽イオンを除いた溶液に炭酸アンモニウムを加えると，炭酸塩の沈殿を生じるバリウム，ストロンチウムおよびカルシウムが第 5 族陽イオンである.

⑥　①〜⑤で沈殿しなかった陽イオン，ナトリウム，カリウム，マグネシウムが第 6 族陽イオンである.

系統分析を行うときには，まずこのように大きく族に分離したのち，さらに種々の試薬を用いて各イオンを分離し，最後にそれぞれのイオンの存在を確認するのである.

分析をする際には，各操作がどのような意味をもっているかを十分理解したうえで，確実に行わなければならない. 試薬の加え方に過不足があったり，溶液の加熱や沈殿の洗浄が不十分であったりすると，イオンの分離が不完全となり，間違った結論を導くことになる.

薬 品 ・ 器 具

試薬溶液	化合物の化学式
12 mol L^{-1} 濃塩酸	HCl
6 mol L^{-1} 塩酸	HCl
1 mol L^{-1} 塩酸	HCl
6 mol L^{-1} 硝酸	HNO$_3$
3 mol L^{-1} 硫酸	H$_2$SO$_4$
6 mol L^{-1} 酢酸	CH$_3$COOH
6 mol L^{-1} 酢酸アンモニウム	CH$_3$COONH$_4$
1 mol L^{-1} 酢酸アンモニウム	CH$_3$COONH$_4$
6 mol L^{-1} 水酸化ナトリウム	NaOH
15 mol L^{-1} 濃アンモニア水	NH$_3$
6 mol L^{-1} アンモニア水	NH$_3$
1 mol L^{-1} ヨウ化カリウム	KI
1.5 mol L^{-1} クロム酸カリウム	K$_2$CrO$_4$
0.5 mol L^{-1} クロム酸カリウム	K$_2$CrO$_4$
0.5 mol L^{-1} 塩化スズ (Ⅱ) (2 mol L^{-1} 塩酸溶液)	SnCl$_2$

硫化鉄 (II)(固体)	FeS
1 mol L^{-1} シアン化カリウム	KCN
0.025 mol L^{-1} ヘキサシアニド鉄 (II) 酸カリウム	K$_4$[Fe(CN)$_6$]$\cdot$3H$_2$O
3% 過酸化水素水	H$_2$O$_2$
0.5 mol L^{-1} 酒石酸	
5% 次亜塩素酸	HClO
0.1 mol L^{-1} 塩化水銀 (II)	HgCl$_2$
1 mol L^{-1} ヨウ化アンモニウム	NH$_4$I
0.5 mol L^{-1} モリブデン酸アンモニウム*1	(NH$_4$)$_2$MoO$_4$
ポリ硫化ナトリウム*2	Na$_2$S$_x$
マグネシア混液*3	
アルミニウム片	Al
リンモリブデン酸アンモニウム試薬*4	
1 mol L^{-1} 炭酸アンモニウム (15 mol L^{-1} アンモニア水溶液)	(NH$_4$)$_2$CO$_3$$\cdot$H$_2$O
0.025 mol L^{-1} 酢酸鉛	Pb(CH$_3$COO)$_2$$\cdot$3H$_2$O
0.1 mol L^{-1} チオシアン酸アンモニウム	NH$_4$NCS
5% ヒドロキシルアミン塩酸塩	NH$_2$OH$\cdot$HCl
飽和臭素水	Br$_2$
飽和塩化アンモニウム	NH$_4$Cl
0.2% アルミノン試薬	
ビスマス (V) 酸ナトリウム	NaBiO$_3$
0.5 mol L^{-1} 硫化アンモニウム*5	(NH$_4$)$_2$S
0.03 mol L^{-1} ヘキサシアニド鉄 (III) 酸カリウム	K$_3$[Fe(CN)$_6$]
5% 次亜塩素酸ナトリウム	NaClO
0.5% ジエチルアニリン (50%リン酸水溶液)	
1% ジメチルグリオキシム (90%エタノール溶液)	
0.1% α-ニトロソ-β-ナフトール (6 mol L^{-1} 水酸化ナトリウム水溶液)	
0.5 mol L^{-1} 硫酸アンモニウム	(NH$_4$)$_2$SO$_4$
1 mol L^{-1} シュウ酸アンモニウム	(NH$_4$)$_2$C$_2$O$_4$$\cdot$H$_2$O

---

*1　モリブデン酸アンモニウム 100 g と 80 mL のアンモニア水 (4 mol L^{-1}) と 200 g の硝酸アンモニウムを混ぜ合わせる.

*2　調製法は p.59 を参照.

*3　180 mL の濃アンモニア水に硝酸マグネシウム六水和物 100 g と硝酸アンモニウム 300 g を溶かす.

*4　280 mL の水に 28 mL の濃アンモニア水を加え，88 g のリン酸水素ナトリウム十二水和物と 42 g のモリブデン酸アンモニウムを溶かす.

*5　アンモニア水 (1 mol L^{-1}) に硫化水素を飽和させる.

$1\,\mathrm{mol\,L^{-1}}$ リン酸水素アンモニウム	$(NH_4)_2HPO_4 \cdot 12H_2O$
$1\,\mathrm{mol\,L^{-1}}$ 硝酸銀 (I)	$AgNO_3$
酢酸ウラニル亜鉛試薬*1	
ヘキサニトロコバルト (III) 酸ナトリウム (固体)	
	$Na_3[Co(NO_2)_6]$
ネスラー試薬	
0.1% チタン黄	
0.1% フェノールフタレイン (1/1 水・メタノール溶液)	
0.1% メチルバイオレット	
0.1% チモールフタレイン (1/1 水・エタノール溶液)	
0.04% ニュートラルレッド	

尖形管，撹拌棒，スポイト，メスシリンダー，ビーカー，三脚，金網，ブンゼンバーナー，試験管挟み，洗瓶，ろ紙，硫化水素発生装置 (p.11 参照)，遠心分離機 (p.41 参照)，蒸発皿，砂浴.

---

*1　酢酸ウラニル 5 g を 3 mL の温 30%酢酸と混ぜ 25 mL にうすめた液をつくる. 別に, 酢酸亜鉛 15 g を 3 g の 30%酢酸と混ぜて 25 mL にうすめる. 2 種の溶液を混ぜて温め, 0.1 g の塩化ナトリウムを加えてから 24 時間放置後にろ過する.

陽イオン（第1族〜第6族）の系統分析法

（塩化物）（硫化物）（水酸化物）（硫化物）（炭酸塩）

第1族　Ag⁺, Hg₂²⁺, Pb²⁺

試料1 mLをとる。
- 6 M*¹ HClをもはやく沈殿がでなくなるまで加える。
- 遠心機を用いて沈殿と溶液を分離する（p.41参照）。

　沈殿　　　溶液
　第1族分析法の操作に従う。

第2族（Pb²⁺）, Cu²⁺, Bi³⁺, Cd²⁺, Hg²⁺, As³⁺, As⁵⁺, Sb³⁺, Sb⁵⁺

→この溶液を蒸発皿に入れ、おだやかに加熱、乾固する。
- 2 mLの0.3 M HClを加える*²。
- H₂Sガスを1–2分通じる（p.11参照）。
- 1 mLの水を加え、再びH₂Sを通じる。沈殿と溶液を分離する。

　沈殿　　　　　　溶液
　第2族A　第2族B　第3族分析法の操作に従う。
　分析法の　分析法の
　操作に従　操作に従
　う。　　　う。

沈殿に Na₂Sₓ の1 mLを加え、湯浴中で加熱してから、沈殿と溶液を分離する。

溶液
- 湯浴中で加温し、5滴の Br₂ 水を加える*⁵。
- 沈殿と溶液を分離する。

第3族　Al³⁺, Cr³⁺, Fe³⁺, Mn²⁺

この液に含まれるH₂Sが完全に追い出されるまで煮沸する*⁶。
- （酢酸鉛紙*³で調べる）。
- 液量を2 mLとする。
- 1滴のニュートラルレッドを加え、1滴の飽和NH₄Cl および15 M NH₃水を加え、液が黄色となってから、さらに2滴のNH₃水を加える*⁴。

　溶液　　　沈殿
　第3族分析法の操作に従う。

第4族　Zn²⁺, Ni²⁺, Co²⁺

→この溶液をほとんど乾固するまで加熱する*⁶。
- 2 mLの水を加え、2滴の6 M CH₃COOHを加え、H₂Sを通じる。
- 湯浴で数分加熱し、沈殿と溶液を分離する。

　沈殿　　　溶液
　第4族分析法の操作Aに従う。

1滴の15M NH₃水を加え、湯浴で温め0.5 M (NH₄)₂Sをもはや沈殿がでなくなるまで滴々加える。
- 沈殿と溶液を分離する。

　沈殿　　　溶液
　第4族分析法の操作Bに従う。

第5族　Ba²⁺, Ca²⁺, Sr²⁺（炭酸塩）

→1滴のニュートラルレッド指示薬を加える。指示薬の色が赤色となるまで煮沸する。液量は2 mLとする。
- 1滴の15 M NH₃水と5滴の1 M (NH₄)₂CO₃を加える（さらに沈殿がでるなら追加）。
- 沈殿と溶液を分離する。

　沈殿　　　溶液
　第5族分析法の操作に従う。

第6族　Mg²⁺, K⁺, Na⁺

→第6族分析法の操作に従う。

NH₄⁺

はじめに与えられた試料を用いて第6族分析法の操作に従う。

* 1　M は mol L⁻¹ を表す.

* 2　硫化水素の解離平衡は

$$H_2S \rightleftarrows H^+ + SH^-$$

$$SH^- \rightleftarrows H^+ + S^{2-}$$

で表され，溶液の酸性度によって液中の硫化物イオン濃度が変わる．陽イオンが硫化物イオンと化合物をつくり沈殿する場合に，沈殿はそれぞれの溶解度積に達するまで生じないから，硫化物イオン濃度が適正でないと，第 2 族陽イオンとそれ以下のイオンとの完全分離ができない．したがって，溶解度積の異なるさまざまな陽イオンを含む試料溶液の系統分析には，0.3 M 塩酸酸性という条件はきわめて重要である (p.126, 付表 8 参照).

* 3　ろ紙上に 1 滴の酢酸鉛溶液を滴下し，乾かして用いる.

* 4　アンモニウムイオンがあると水酸化物イオンが減少し，第 4～6 族のイオンが混在していても沈殿しなくなる.

* 5　臭素水は鉄 (II) とマンガン (II) を酸化して Fe(OH)$_3$, Mn$_2$O$_3 \cdot n$H$_2$O の沈殿をつくる.

* 6　これらの操作は蒸発皿を用いてドラフトの中で行うこと.

第1族陽イオン (Ag$^+$, Hg$_2$$^{2+}$, Pb^{2+}) 分析法

沈殿 AgCl, PbCl$_2$, Hg$_2$Cl$_2$

　沈殿に1mLの温湯を加え，全体を湯浴で熱し，PbCl$_2$を溶かし，遠心分離機を用いて素早く沈殿を分離する．このとき，溶液が冷えるとPbCl$_2$が再び沈殿し，AgCl, Hg$_2$Cl$_2$との分離が不完全になるから，分離した沈殿にさらに1mLの温湯を加え，同様操作を行い，分離した液は合わせてPb^{2+}の検出に用いるのがよい．

分離した溶液 Pb^{2+}	分離した沈殿 AgCl, Hg$_2$Cl$_2$	
分離液の5滴に2滴の6M酢酸アンモニウムを加え，1滴の1.5Mクロム酸カリウムを加える．黄色沈殿が生じればPb^{2+}の存在を示す．	○沈殿に5滴の6Mアンモニア水を加え，遠心分離機で分離する． ○分離液はAg$^+$の検出に用いる． ○黒色残渣は1mLの水で洗う (洗った水は捨てる)．	
	分離した溶液 [Ag(NH$_3$)$_2$]$^+$	**黒色残渣 Hg+Hg(NH$_2$)Cl**
	1滴のフェノールフタレインを加え，赤色の消えるまで　6M HCl を加える．白色沈殿が生じれば，Ag$^+$の存在を示す．	3滴の5%NaClOと1滴の6M HClを加えて沈殿を溶かす(注1)． **沈殿を溶かした溶液 [HgCl$_4$]$^{2-}$** 　次の2法(A法，B法)のうちいずれかにより確認する． 　**A法**　溶かした溶液1mLに1滴の0.5M SnCl$_2$を加える．灰白色沈殿を生じればHg$_2$$^{2+}$の存在を示す． 　**B法**　溶かした溶液1mLに1滴の15Mアンモニア水，1滴の1M KI，5～10滴の6M NaOHを加えて温める．褐色沈殿を生じれば，Hg$_2$$^{2+}$の存在を示す．

注1　沈殿が完全に溶けないときは，上澄み液を除いて同様の操作を繰り返す．

第2族A陽イオン (Pb^{2+}, Bi^{3+}, Cu^{2+}, Cd^{2+}) 分析法

沈殿 PbS (黒色), **Bi_2S_3** (褐色), **CuS** (黒色), **CdS** (黄色)

○ 尖形管内の沈殿に1 mLの6 M HNO_3を加え，湯浴で熱し，沈殿を溶かす．この
とき，硫黄が生じたなら分離する．

○ 溶かした溶液を蒸発皿に入れ，これに4滴の3 M H_2SO_4を加え，砂浴上でSO_3の
白煙を生じるまで蒸発し，放冷後，1 mLの水を加える．

○ 沈殿を溶液から分離する．

沈殿 $PbSO_4$	**溶液 Bi^{3+}, Cu^{2+}, Cd^{2+}**	
沈殿に5滴の1 M CH_3COONH_4を加え，沈殿を溶かす．	○ 15 M濃アンモニア水を過剰に (5滴ぐらい) 加える． ○ 沈殿と溶液を分離する．	
溶液 $Pb(CH_3COO)_2$	**沈殿 $Bi(OH)_3$**	**溶液 $[Cu(NH_3)_n]^{2+}$, $[Cd(NH_3)_4]^{2+}$**
溶液の一部に1滴の1 M K_2CrO_4を加える．黄色沈殿 ($PbCrO_4$) を生じれば，Pb^{2+} の存在を示す．	沈殿に1滴の0.5 M $SnCl_2$と3滴の6 M NaOHを加え，撹拌する．黒色沈殿を生じれば，Bi^{3+}の存在を示す．	この溶液を二分して Cu^{2+} と Cd^{2+} の検出を行う． **Cu^{2+} の検出** 　1滴のフェノールフタレインを加え，6 M CH_3COOHを赤色の消えるまで加え，1滴の0.025 M $K_4[Fe(CN)_6]$を加える．赤褐色沈殿を生じれば，Cu^{2+} の存在を示す． **Cd^{2+} の検出** 　1 M KCNを滴下し，$[Cu(NH_3)_n]^{2+}$の青色を消す．H_2Sを通す．黄色沈殿 (CdS) が生じれば，Cd^{2+} の存在を示す．

第 2 族 B 陽イオン (Hg^{2+}, As^{5+}, Sn^{4+}, Sb^{5+}) 分析法 (注 1)

溶液 $[HgS_2]^{2-}$, $[AsS_4]^{3-}$, $[SnS_4]^{4-}$, $[SbS_4]^{3-}$
○ 1 滴のチモールフタレインを加え，6 M HClを液が無色になるまで加える．
○ 湯浴で数分温め，沈殿を遠心分離する．

沈殿 HgS, As_2S_5, SnS_2, Sb_2S_5
○ 沈殿に 6 M HClを 1 mL加え，よく撹拌する．

沈殿 HgS, As_2S_5		溶液 $[SnCl_6]^{2-}$, $[SbCl_5]^{2-}$	

沈殿 HgS, As_2S_5
○ 硫化物の沈殿を 2 mL の水で洗う，洗液は捨てる．
○ 沈殿に 7 滴の 6 M アンモニア水，5 滴の 3% H_2O_2 を加える*1．
○ 沈殿と溶液を分離する．

溶液 $[SnCl_6]^{2-}$, $[SbCl_5]^{2-}$
○ ほとんど乾固するまで，砂浴上で加熱する．
○ 残渣に 1 滴の 6 M HCl，1 滴の 0.5 M 酒石酸，1 mL の水を加える．
○ この液を 2 つに分けて，Sn^{4+}，Sb^{3+} の検出を行う．

沈殿残渣 HgS	溶液 $AsO_4{}^{3-}$	Sb^{3+} の検出	Sn^{4+} の検出

沈殿残渣 HgS
○ 黒色沈殿に 5 滴の 5% NaClOと 1 滴の 6 M HClおよび 1 mL の水を加える．
○ 溶液と沈殿を分離する．
○ 分離した溶液を注意して煮沸する．

溶液 $[HgCl_4]^{2-}$
次の 2 法(A 法，B 法)のうち，いずれかで Hg^{2+} を確認する．
A 法　1 滴の 0.5 M $SnCl_2$ を加える．黒色の沈殿を生じれば Hg^{2+} の存在を示す．
B 法　1 滴の 15 M アンモニア水および 1 滴の 1 M KIおよび 3～7 滴の 6 M NaOHを加える．褐色沈殿を生じれば，Hg^{2+} の存在を示す．

溶液 $AsO_4{}^{3-}$
5 滴の 15 M アンモニア水と 3 滴のマグネシア混液を加える．

白色沈殿 $MgNH_4[AsO_4]$
　沈殿を分離し沈殿に 7 滴の 6 M HNO_3 を加え溶解し 5 滴の 0.5 M $(NH_4)_2[MoO_4]$ を加え，湯浴上で 2~3 分間加熱する．黄色沈殿を生じれば，As^{5+} の存在を示す*2．

Sb^{3+} の検出
　リンモリブデン酸アンモニウム試薬の 1, 2 滴をしみこませたろ紙片を蒸気にさらし，その上に検液の 1 滴を落とす．数分蒸気で加温していると青くなる．
　ろ紙が青く着色すれば，Sb^{3+} の存在を示す*3．

Sn^{4+} の検出
6 滴の 6 M HClと米粒大の金属アルミニウム片を入れ，湯浴上で加温し全部を溶かす(にごっていたら分離する)*4．
　1 滴の 0.1 M $HgCl_2$ を加える．灰黒色沈殿を生じれば，Sn^{4+} の存在を示す．

注1　Sb^{5+} は塩酸と反応し，Sb^{3+} として検出される．
＊1　$As_2S_5 + 20H_2O_2 + 16OH^- \longrightarrow 28H_2O + 5SO_4{}^{2-} + 2AsO_4{}^{3-}$

*2　$MgNH_4AsO_4 + 3H^+ \rightleftharpoons Mg^{2+} + NH_4^+ + H_3AsO_4$

　　$H_3AsO_4 + 3NH_4^+ + 12MoO_4^{2-} + 21H^+ \longrightarrow (NH_4)_3(AsMo_{12}O_{40}) + 12H_2O$

*3　$Sb^{3+} + H_3(PMo_{12}O_{40}) + 2H^+ \longrightarrow Sb^{5+} + H_3(PMo_{12}O_{39}) + H_2O$

*4　$2Al + 2[SbCl_5]^{2-} \longrightarrow 2Sb + 2Al^{3+} + 10Cl^-$

　　$Al + [SnCl_6]^{2-} \longrightarrow [SnCl_4]^{2-} + Al^{3+} + 2Cl^-$

第3族陽イオン (Al^{3+}, Cr^{3+}, Fe^{3+}, Mn^{2+}) 分析法

沈殿 $Al(OH)_3$, $Cr(OH)_3$, $Fe(OH)_3$, $Mn_2O_3 \cdot nH_2O$

○ 沈殿に1mLの水を加え, 5滴の6M NaOH, 10滴の3% H_2O_2を加えて, 撹拌, 煮沸する.

○ 沈殿と溶液を分離する.

○ 沈殿は水で洗う(洗った水は捨てる).

分離した溶液 $[Al(OH)_4]^-$, CrO_4^{2-}		沈殿 $Fe(OH)_3$, $Mn_2O_3 \cdot nH_2O$	
○ 2滴のフェノールフタレインを加え, 6M CH_3COOHを滴下し, 赤色が消えてから, なお5滴加える. ○ 溶液を2つに分け, Al^{3+}, Cr^{3+}を検出する.		○ 沈殿に1mLの水を加える. ○ 6M $HNO_3$6滴, および1滴の5%ヒドロキシルアミン塩酸塩を加え*1, 湯浴で加熱する. 　　これを2つに分けFe^{3+}, Mn^{2+}を検出.	
Al^{3+}の検出	**Cr^{3+}の検出**	**Fe^{3+}の検出**	**Mn^{2+}の検出**
検液を2滴とり, これにアルミノン試薬 1 滴を加え, 湯浴で1～2分加熱する. 　加熱後 1M $(NH_4)_2CO_3$ を2滴加える. 　赤色の沈殿を生じれば, Al^{3+}の存在を示す.	検液を2滴とり, これに1滴の0.05M $Pb(CH_3COO)_2$ を加える. 　黄色沈殿$PbCrO_4$ を生じれば, Cr^{3+}の存在を示す.	検液2滴に3% H_2O_2 1滴を加えて煮沸後0.1M NH_4NCS を1滴加え, 溶液が赤色になれば Fe^{3+}の存在を示す.	検液5滴に, ごくわずかの固体$NaBiO_3$を加え, しばらく低温で放置する. 　溶液が赤色になれば, Mn^{2+}の存在を示す.

*1　$3Mn_2O_3 \cdot nH_2O + NH_2OH + 11H^+ \longrightarrow 6Mn^{2+} + NO_3^- + (3n+7)H_2O$

　　ヒドロキシルアミンは上の式のようにマンガン (III) を還元するが, 過剰に加えると鉄 (III) も還元するので要注意.

第4族陽イオン $(Zn^{2+}, Ni^{2+}, Co^{2+})$ 分析法

操作 A	操作 B	
沈殿 ZnS (白色)	沈殿 CoS, NiS	
○沈殿に5滴の1 M HCl を加え湯浴で温め溶かす.	○沈殿に1 mLの水を加え, 5滴の5% NaClOと2滴の6 M HCl を加え, 砂浴上でほとんど乾固するまで加熱する[*1].	
○溶けた溶液に 1滴の0.5% ジエチルアニリンと1滴の0.03 M $K_3[Fe(CN)_6]$ を加える.	○2 mLの水を加える.	
	○液を二分し, Ni^{2+}, Co^{2+} の検出を行う.	
	Ni^{2+} の検出	Co^{2+} の検出
○赤褐色沈殿を生じれば, Zn^{2+} の存在を示す.	○2滴の検液に1滴の1 M $(NH_4)_2CO_3$ と 2滴の 1%ジメチルグリオキシムを加える. 赤色沈殿を生じれば, Ni^{2+} の存在を示す.	○2滴の検液に1 M $(NH_4)_2CO_3$ 1滴と2滴の0.1% α-ニトロソ-β-ナフトールを加える. ○湯浴で加熱し, 1 滴の 1 M HCl を加える. 赤色または紫色の沈殿を生じれば, Co^{2+} の存在を示す.

[*1]　$NiS + ClO^- + 2H^+ \longrightarrow Ni^{2+} + Cl^- + S + H_2O$
　　　$CoS + ClO^- + 2H^+ \longrightarrow Co^{2+} + Cl^- + S + H_2O$

第5族陽イオン $(Ba^{2+}, Sr^{2+}, Ca^{2+})$ 分析法

沈殿に1mLの水を加え，5滴の6M CH_3COOH を加えて溶かす。
○2滴の1M CH_3COONH_4 と2滴の0.5M K_2CrO_4 を加える。
○沈殿と溶液を分離する。

沈殿 $BaCrO_4$ (黄色)	分離した溶液 Ca^{2+}, Sr^{2+}	
○沈殿に0.1M HCl 1 mLを加えて溶かす。 ○1滴のホルマリンを加え，湯浴で温めた後5滴の飽和 $CaSO_4$ を加える。 白色沈殿 $BaSO_4$ を生じれば，Ba^{2+} の存在を示す[*2]。	○1滴のニュートラルレッドを加え，15M濃アンモニア水を溶液が黄色になるまで加える。 ○5滴の0.5M Na_2CO_3 を加え，湯浴で温める。 ○沈殿と溶液を分離する。溶液は捨てる。	
	沈殿 $CaCO_3$, $SrCO_3$	
	○2滴の6M HNO_3 と1mLの水を加え，液がほとんど乾固するまで砂浴上で加熱する。 ○1mLの1-ペンタノールを加えて，さらに煮沸する。 ○沈殿と溶液とを分離する[*1]。	
	溶液 $Ca(NO_3)_2$	残渣 $Sr(NO_3)_2$
	○1滴の1M $(NH_4)_2C_2O_4$ を加える。 白色沈殿 CaC_2O_4 を生じれば，Ca^{2+} の存在を示す。	○1mLの水で残渣を溶かす。 ○2滴の1M $(NH_4)_2SO_4$ を加え，湯浴で数分加熱する。 白色沈殿 $SrSO_4$ を生じれば Sr^{2+} の存在を示す。

[*1] $CaCO_3 + 2HNO_3 \longrightarrow Ca(NO_3)_2 + CO_2 + H_2O$
$SrCO_3 + 2HNO_3 \longrightarrow Sr(NO_3)_2 + CO_2 + H_2O$
少量の水分は1-ペンタノールと煮沸すると共沸で完全に除かれる。無水硝酸ストロンチウムは有機溶媒に溶けず，硝酸カルシウムは可溶である。

[*2] $2BaCrO_4 + 2H^+ \rightleftarrows 2Ba^{2+} + Cr_2O_7^{2-} + H_2O$
$Cr_2O_7^{2-} + 3HCHO + 8H^+ \longrightarrow 2Cr^{3+} + 3HCOOH + 4H_2O$
$Ba^{2+} + SO_4^{2-} \longrightarrow BaSO_4$

第6族陽イオン (Mg^{2+}, K^+, Na^+, NH_4^+) 分析法

○ 1 mLの 6 M HNO_3 を加え，砂浴上で加熱し，蒸発乾固する．放冷後 3 mLの水と 1 滴の 6 M HNO_3 を加える．

○ この液を三等分し，別々に下の検出を行う．

Na^+ の検出法	**K^+ の検出法**	**Mg^{2+} の検出法**	**NH_4^+ の検出**
検液を 2, 3 滴の量に濃縮し，放冷後，2, 3 滴の酢酸ウラニル亜鉛試薬を加える (温めてはいけない)．数分放置する． 黄色の結晶性沈殿を生じれば，Na^+ の存在を示す[*1]．	1 滴の $AgNO_3$ を加え，耳かき 1 ぱいのヘキサニトロコバルト (III) 酸ナトリウムを加える． 黄橙色沈殿を生じれば，K^+ の存在を示す[*2]．	次の 2 法のうち，いずれかで検出する． **A法**　2 滴のチタン黄および 2 滴の 6 M $NaOH$ を加える． 赤色沈殿を生じれば Mg^{2+} の存在を示す． **B法**　1 滴のアンモニア水と 1 滴の 3 M $(NH_4)_2HPO_4$ を加える． 白色沈殿を生じれば，Mg^{2+} の存在を示す[*3]．	2 滴の 6 M $NaOH$ を加える． 沈殿があれば分離し (沈殿は捨てる)，溶液に 1 滴のネスラー試薬を加える． 褐色沈殿を生じれば，NH_4^+ の存在を示す．

[*1]　$Na^+ + Zn^{2+} + 3UO_2{}^{2+} + 9CH_3COO^- + 9H_2O \rightleftarrows (UO_2)_3ZnNa(CH_3COO)_9 \cdot 9H_2O$

[*2]　$Ag^+ + [Co(NO_2)_6]^{3-} + 2K^+ \longrightarrow K_2Ag[Co(NO_2)_6]$ (黄橙沈)

[*3]　$Mg^{2+} + HPO_4{}^{2-} + NH_3 + 6H_2O \longrightarrow NH_4MgPO_4 \cdot 6H_2O$ (白沈)

6

有機化学実験[21]

6–1 せっけんの合成[22]

　一般に油脂といわれるものは脂肪酸とグリセリンから成るエステルである．これをけん化 (加水分解反応) することでせっけんが得られる．合成したせっけんに酸を添加し，脂肪酸を遊離させ，カルシウムやマグネシウムとの塩を合成し，硬水とせっけんの泡立ちの関係を調べる．

実 験 の 原 理

　油脂は脂肪酸とグリセリンとのエステルである．脂肪酸は油脂によって様々だが，ヤシ油の場合，約 50％がラウリン酸 (n-ドデカン酸) で 20％弱がミリスチン酸 (n-テトラデカン酸) である．けん化 (加水分解) によりエステルが切断され脂肪酸はナトリウム塩になり水溶性となる．脂肪酸ナトリウムは疎水部分と親水部分があり，疎水部分が集まってミセル構造を形成する．疎水部分が油などに溶け，親水部分が水に溶けることで油を水に溶かすことができる．

$$
\begin{array}{ccc}
\begin{array}{l}\text{RCOO–CH}_2\\ \text{R'COO–CH} \\ \text{R''COO–CH}_2\end{array} & \xrightarrow{\text{NaOH aq.}} & \begin{array}{l}\text{RCOONa}\\ \text{R'COONa} \\ \text{R''COONa}\end{array} \quad + \quad \begin{array}{l}\text{HO–CH}_2\\ \text{HO–CH} \\ \text{HO–CH}_2\end{array}
\end{array}
$$

油脂　　　　　　　　　　　脂肪酸ナトリウム　　　グリセリン

ラウリン酸 (n-ドデカン酸)　$C_{11}H_{23}COOH$

ミリスチン酸 (n-テトラデカン酸) $C_{13}H_{27}COOH$

疎水部分　　　　　　親水部分

せっけんは弱酸と強塩基の塩であるため，水中ではアルカリ性を示す．酸を加えると完全に脂肪酸が遊離し，水には溶けない．せっけんはアルカリ性でないと使えないため，一般に粉せっけんには炭酸ナトリウムなどが添加されている．

カルシウムイオンやマグネシウムイオンを多く含む水を硬水と呼ぶ．日本の水道水はこれらをほとんど含まない軟水である．硬水にせっけんを溶かそうとするとカルシウムイオンやマグネシウムイオンと脂肪酸が結合し，難溶性の塩になり，泡立たない．せっけん水にこれらの金属イオンを加えると沈澱を生じる．得られたカルシウムやマグネシウムの塩は $(RCOO)_2Ca$，$(RCOO)_2Mg$ と表記できるが，実際の構造はもっと複雑である．

薬品・器具

ヤシ油，水酸化ナトリウム[*1]，希塩酸 $(2\,mol\,L^{-1})$，10% 塩化マグネシウム水溶液，10% 塩化カルシウム水溶液，飽和食塩水，エタノール，pH 試験紙 (万能試験紙)，ビーカー (100 mL，300 mL)，メスシリンダー (20 mL)，ヌッチェ(ブフナーロート，7 cm)，ロートアダプター，吸引瓶 (300 mL)，ガラスロート (7 cm)，カセロール，試験管，試験管立て，ガラス棒，薬さじ，ピンセット，洗瓶，ロート台，ウォーターバス，ブンゼンバーナー，金網，三脚，ろ紙．

実験1 ヤシ油からせっけんの合成

① 100 mL ビーカーに水酸化ナトリウム 2 g をビーカーを用いてはかり取り，水 8 mL を加えて 20% 水酸化ナトリウム水溶液を調製する．発熱するので注意すること．

② ヤシ油 10 g を 300 mL ビーカーに取り，エタノール 10 mL を加え湯浴で加温 (80 ℃) する．

[*1] 実験で用いる水酸化ナトリウムは目に入ると失明の恐れのある大変危険な試薬で劇物に指定されている．実験中は必ず保護めがねをすること．また，皮膚に直接触れないように注意し，万が一，手などについた時は速やかに流水で流すこと．また，吸湿性があるので取り扱いに注意する．

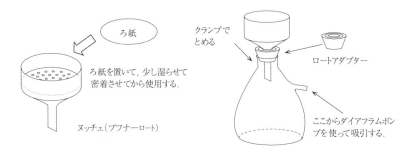

図 6-1　ヌッチェ(ブフナーロート) を使った吸引ろ過

③　これに先の 20%水酸化ナトリウム溶液を少しずつ加えながら湯浴中で加温する．この間，ガラス棒で撹拌する．

④　全て加え，撹拌しながらしばらく加温 (70〜80℃) すると均一になるので，やけどに注意しながら 90℃〜沸騰温度まで温度を上げ，さらに約 10 分間かき混ぜる．この間，溶液が濃縮され，表面に薄い膜ができ始める．濃縮が不十分な場合はさらに加熱を続ける．溶液がかゆ状になるまで濃縮する．

⑤　熱いうちに飽和食塩水 50 mL を撹拌しながら注ぎ込み，加熱しながらよく撹拌する．溶液が 2 層に分離したらビーカーを湯浴から出し，撹拌しながら約 10 分間放冷するとせっけんが塩析される．

⑥　ヌッチェで吸引ろ過し (図6-1)，ヌッチェ上にてさらに飽和食塩水 (50 mL)でよく洗い 100 mL ビーカーの底などで押し固める．

⑦　水への溶解に注意しながらせっけん全体を 10 mL の水で 2 回洗浄する(非常に溶けやすいので注意すること)．再び良く吸引して押し固める．

⑧　カセロールに移し，セラミック金網を用いてガスバーナーで穏やかに加熱する (図6-2)．ドラフト中で行う場合は炎が消えないように風よけ (p.32 図4-4 (c) 参照) を用いる (炎で直接加熱しないこと．時々金属薬さじを用いてかき混ぜて底にせっけんが付かないように注意する)．

⑨　液が粘稠になったらロートにろ紙を付けた中に移し固化させる．

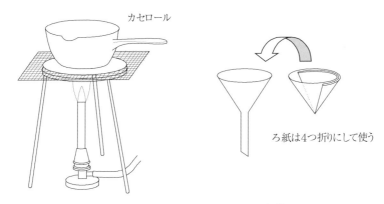

図 6-2　カセロールを用いた加熱

実験 2　せっけんを用いた反応

　①　3 本の試験管にそれぞれせっけん約 10 mg (耳かきに 1 杯程度) を水 3 mL に溶解し (少し加温すると溶けやすい)，せっけん水溶液の pH を調べる.

　②　せっけん水溶液に塩化カルシウム，塩化マグネシウムの水溶液 (10%) をそれぞれ加えて変化を観察する.

　③　せっけん水溶液に希塩酸を加えて酸性にし，変化を観察する.

6–2 酢酸エチルの合成

エステルの合成でよく用いられる反応は，酸触媒を用いてカルボン酸とアルコールとを縮合させる方法 (フィッシャー法) である．触媒として濃硫酸，塩化水素などが用いられる．

この実験では濃硫酸を触媒として，酢酸とエタノールから酢酸エチルを合成する．

$$CH_3COOH + C_2H_5OH \underset{酸}{\rightleftharpoons} CH_3COOC_2H_5 + H_2O$$

このエステル生成反応の平衡定数の値は約 4 と小さい．エステルの生成量を多くするためには，酢酸かエタノールのいずれかを過剰に用いるか，あるいは，生成したエステルまたは水を反応系外に出せばよい．

薬品・器具

酢酸 (比重 1.05)，エタノール (比重 0.79)，濃硫酸 (比重 1.84)，5%炭酸ナトリウム水溶液，塩化カルシウム，硫酸ナトリウム (無水物)，ナス型フラスコ (200 mL，100 mL)，枝付き連結管，アダプター，分液ロート，還流冷却器，リービッヒ冷却器，三角フラスコ，ビーカー (200 mL)，ガラスロート，温度計 (100 ℃)，温度計ホルダー，ウォーターバス．

実　験

乾燥させたナス型フラスコ (200 mL) に酢酸 30 mL とエタノール 60 mL を入れ，よく撹拌しながら濃硫酸 5 mL を徐々に加える．還流冷却器をジョイントクリップを使って隙間なく取り付け，湯浴上で 15 分間還流させる (沸騰石) (図 6-3 と p.34 参照)．

冷却後，還流冷却器を枝付き連結管に取り替え，温度計 (温度計ホルダーを使う)，リービッヒ冷却器を付け蒸留する[*1] (沸騰石を追加) (図 6-4 と p.44 参照)．留出物の重量をはかりガスクロマトグラフィーを行い酢酸エチルの純度を調べよ (p.51 参照)．

留出物は主に酢酸エチルであるが，エタノール，水とともに酢酸を含んでいる可能性があるので，次の操作を行って，これらの不純物を除去する．留出物

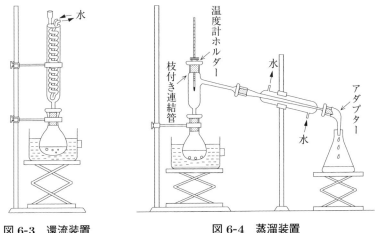

図 6-3　還流装置　　　　　図 6-4　蒸溜装置

を分液ロート (p.47 参照) に移し，5%炭酸ナトリウム水溶液 15 mL を加え，最初はゆっくりと振り，ときどきコックを回して内部の圧を抜く．圧を抜いたら激しく振り，静置すると 2 層に分かれるから下層を除く．次に約 20 mL の 40〜50% (重量) 塩化カルシウム水溶液でよく振り，2 層に分離後，下層を除き，さらに新しい塩化カルシウム水溶液を加えて同様の操作を繰り返してエタノールを除く[*2] (少なくとも 4, 5 回必要).

酢酸エチルを三角フラスコに移し，大さじ一杯の硫酸ナトリウム (無水物) を加えてときどき振り混ぜながら 10 分程度放置して水分を除く．液体部分をひだ付きろ紙を用いてろ過して (p.39 参照) ナス型フラスコ (100 mL) に移し，再蒸留を行う[*1] (p.44 参照，沸騰石). 酢酸エチルの沸点は 75〜77 °C である.

生成物の重量をはかり，収率 (p.89 の ＊2 参照) を計算せよ．また，このようにして得た酢酸エチルの純度をガスクロマトグラフィーで調べよ．

[*1]　沸点の時間経過を観察し，2 回の蒸留について比較せよ.

[*2]　アルコールは塩化カルシウムと錯体をつくり，これが水に溶けるために除かれる．酢酸エチルとエタノールは共沸するためふつうの蒸留では分留できないので，この操作で分離する必要がある.

6–3　アセトアニリドのニトロ化反応と加水分解反応による
　　　　p-ニトロアニリンの合成

　芳香族化合物はニトロ化，スルフォン化，ハロゲン化などの求電子置換反応を受ける．置換基を持つベンゼン誘導体を出発物とする場合は，新たに入った置換基の位置が異なる異性体が生じる．

　この実験では，アセトアニリドのニトロ化を行い，合成したニトロアセトアニリドを加水分解して *p*-ニトロアニリンを得る．副生成する少量の *o*-ニトロアニリンは再結晶法により除くことができる．これを薄層クロマトグラフィー (TLC) によって確かめる．

薬 品 ・ 器 具

　アセトアニリド，濃硝酸 (比重 1.42)，濃硫酸 (比重 1.84)，希塩酸 ($6\,mol\,L^{-1}$)，水酸化ナトリウム水溶液 ($2\,mol\,L^{-1}$)，酢酸エチル，ヘキサン，リトマス試験紙，サンプル瓶 ×2，三角フラスコ (10，100，300 mL)，ビーカー (100 mL)，ナス型フラスコ (100 mL)，ゴム栓付目皿付きロート，吸引瓶，ブフナーロート，駒込ピペット，TLC 用の展開槽 (広口瓶)，毛細管，TLC シート (66×25 mm)，プラスチック桶 (氷浴用)，温度計 (100 ℃)，ピンセット，ガラス棒，スパーテル，空気冷却管 (ガラス管 1 m)，紫外線ランプ．

実験1　アセトアニリドのニトロ化

アセトアニリド 2.5 g を 100 mL の三角フラスコにとり，濃硫酸 6.0 mL を加える．発熱するので，三角フラスコを回転させながらその熱を利用してアセトアニリドを溶かす．結晶が溶けたら，プラスチック桶に氷を入れた氷浴に浸し，10 ℃ 以下に冷えるのを温度計で確認してから，あらかじめ 10 mL の三角フラスコにとっておいた濃硝酸 3.0 mL を駒込ピペットでゆっくり滴下する．滴下すると急激に発熱するので，数滴加えるごとに振り混ぜて冷却し，10 ℃ 以下に冷やしてから次の数滴を加える．反応温度が 15 ℃ を超えないように少量ずつ加えれば，全量を加えるのに 15〜20 分かかるはずである．滴下を終えたら，三角フラスコを氷浴から取り出し，ときどき振り混ぜながら約 15 分間室温で放置した後，氷水約 30 mL が入っている 100 mL のビーカーに注ぎ込むとニトロアセトアニリドの結晶が析出する．そのまま一旦，ビーカー内の上澄み液をもとの三角フラスコにもどし，再び析出する結晶を溶液ごとすべてビーカーに移してよく撹拌し，目皿付きロートを使って吸引ろ過する (p.40，図 4-13)．ビーカーに残った結晶も少量の水を用いてロートへ移す．このとき吸引しながら撹拌棒の平らな部分で結晶を押しつけ，できるだけ水分を除く．

実験2　ニトロアセトアニリドの加水分解

オイルバスの温度を一定にしておくため (安定するのに約 20 分)，少し前もってオイルバスのスイッチを ON にしておく (110 ℃ に温度設定)．得られた粗製 p-ニトロアセトアニリド結晶をろ紙ではさんで水分を除いた後に，100 mL のナス型フラスコに細かく砕いて入れ，希塩酸 (6 mol L^{-1}) 15 mL を加えて懸濁液にする．続いて，撹拌子 (スターラーピース：磁石) をフラスコの中に入れる．ナス型フラスコに約 1 m の空気冷却器をつけ，フラスコ内の液面がオイルの液面より少し下になるくらいまで，オイルバスに浸ける (図 6-5)．マグネティックスターラーを用いて撹拌を行う．固体が溶解し，黄色〜褐色のほぼ均一な溶液になるまで 110 ℃ で約 15 分間加熱還流する．このとき，塩化水素が発生するのでドラフトで行う．反応終了後，フラスコを上げてオイルから取り出し，素手で触れる温度まで冷却した後，ティッシュペーパーとヘキサンを用いてオイル

を丁寧に拭き取る．反応溶液を冷却してか
ら空気冷却器を外し，フラスコ内の撹拌子
を磁石で釣り上げ取り出した後，加えた塩
酸を中和するために水酸化ナトリウム水溶
液 (2 mol L^{-1}) をかきまぜながら徐々に加
えて，リトマス紙でアルカリ性に変わるの
を確認する．析出した結晶を冷却後，目皿
付きロートで吸引ろ過する．さらに，ロー
ト内の結晶に少量の水を注いで洗う操作を
数回繰り返す．

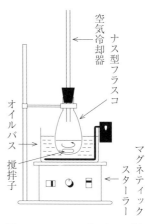

**図 6-5　オイルバスとマグネ
ティックスターラー**

　この結晶をスパーテルで 1 さじ分とり，
薄層クロマトグラフィー法によって o-ニト
ロアニリンを検出するためにとっておく．残りの粗結晶は次の方法で再結晶す
る．粗結晶を 300 mL の三角フラスコに入れ，約 150 mL の水を加え，バーナー
で加熱する．沸騰しても黄色の固体が溶け残るようであれば，10 mL ずつ水を
加える．黒色の固体が残る場合があるが，これは不純物なので素早くブフナー
ロートで吸引ろ過し[*1]，そのまま溶液を放冷して，ろ過瓶の中で結晶化させる．
ろ過瓶の中の結晶をいったん別の容器に移してから，目皿付きロートで吸引ろ
過する．ロート内の結晶を撹拌棒の平らな部分で押して水を吸引して除く．さ
らに，集めた結晶をろ紙にはさんで水を除く．この精製した p-ニトロアニリン
の融点を測定し，得られた p-ニトロアニリン結晶の重量をはかり収率[*2]を計算
する (p.30 を参照し，有効数字を秤量値と揃えること)．

実験 3　薄層クロマトグラフィー法による副生成物 o-ニトロアニリンの検出

　p-ニトロアニリンの粗製試料と精製試料に副生成物 o-ニトロアニリンがある
かどうかを薄層クロマトグラフィー法によって調べる．p-ニトロアニリンの粗

---

*1　熱時ろ過のため，結晶がろ紙の上で析出しないよう，ろ紙は水で濡らさない．
*2　収率 (%) = $\dfrac{\text{生成物の物質量 (mol)}}{\text{反応物の物質量 (mol)}} \times 100$

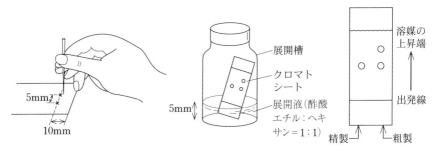

図 6-6 TLC シートに試料溶液を付ける

製試料と精製試料について、次のように試料溶液を調製する。スパーテルで半さじ分ほどの結晶をサンプル瓶 (10 mL) にとり、0.5 mL の酢酸エチルを加えて溶かす。広口瓶へ深さが約 5 mm ぐらいになるように展開液 (酢酸エチル：ヘキサン = 1：1) をいれて密栓しておく。

TLC シートのざらざらな面の一端から約 10 mm のところに鉛筆でうすく出発線をひく。TLC シートはシリカゲルを吸着剤としてプラスチック薄板 (66 × 25 mm) に塗布したものである。粗製 p-ニトロアニリンと精製 p-ニトロアニリンの 2 つの試料を出発線上に約 5 mm の間隔で付着させる。このためには、試料溶液を毛細管に取り、毛細管の先端を TLC シートの出発線上に垂直に軽く接触させて試料溶液を TLC シートに浸み込ませる。約 2 mm の直径の小さな円ができるように毛細管に取る液量を調節する。広口瓶の栓を開け、TLC シートの下端が水平になるように瓶の内壁に静かにもたせかけ、栓をする。溶媒が下から展開していくので、上昇した溶媒の先端が TLC シートの上端から約 10 mm のところまできたところで TLC シートを取り出し、直ちにその位置に、鉛筆で印をつける。TLC シートに紫外線をあてると斑点 (スポット) が出てくるので、そこに鉛筆で印をつけ、移動率 (R_f) を計算する (p.50〜51 参照)。粗製 p-ニトロアニリンに副生成物の o-ニトロアニリンがあるかどうかを確かめる。

精製した p-ニトロアニリンの残りは薬包紙で包んで提出する。用いた酢酸エチルの廃液は必ずドラフト内の廃液瓶に保存する。

6–4 アニリンの合成

アニリンの実験室的合成法としては，ニトロベンゼンを酸性溶液中，スズ，亜鉛，または鉄で還元する方法がある．

この実験では，塩酸酸性中でニトロベンゼンをスズを用いて還元し，アニリンを合成する．

$$2C_6H_5NO_2 + 3Sn + 12HCl \longrightarrow 2C_6H_5NH_2 + 3SnCl_4 + 4H_2O$$

アニリンの工業的合成法としては，(1) ニトロベンゼンを銅，ニッケル，白金触媒下，水素で接触還元する方法，(2) クロロベンゼンを銅触媒下，アンモニアと加圧加熱する方法がある．アニリンは染料，医薬品の中間体，有機合成の原料となる．

薬 品・器 具

ニトロベンゼン (比重 1.20)，ベンゼン (比重 0.88)，スズ (小粒状)，濃塩酸 (比重 1.20)，水酸化ナトリウム，リトマス紙，丸底フラスコ (500 mL，2 L)，三角フラスコ (200 mL)，リービッヒ冷却器，空気冷却器，蒸留フラスコ (50 mL)，分液ロート，ガラス管 (内径 8 mm，長さ 1 m)，温度計 (250 ℃)，湯浴．

実 験

丸底フラスコ (500 mL) にニトロベンゼン[*1] 13 mL と小粒状のスズ 30 g を入れ，これに濃塩酸 10 mL を加える．フラスコに長さ 1 m のガラス管を空気冷却器として接続して，10 分間振り混ぜると反応熱のために熱くなる．金網上において，バーナーの小さな炎で軽く熱し，振り混ぜながら 10 分間沸騰させた後に冷却する[*2]．

このあと，濃塩酸 60 mL を次の順序で 4 回に分けて加え，空気冷却器を付けたままでよく振り混ぜる．第 1 回は濃塩酸 20 mL を加え，20 分間振り混ぜる．

＊1　不要になったベンゼンやベンゼン誘導体は，流しに捨ててはならない．必ず廃液溜に保存すること．
＊2　還流および蒸留の際は，装置を組み立ててからガスバーナーに点火すること．

第2回，第3回は濃塩酸10 mL を加え，10分間振り混ぜる．第4回は濃塩酸20 mL を加え，10分間振り混ぜる．次に湯浴上で1時間加熱する．その間に，水酸化ナトリウムの濃厚水溶液 (NaOH 40 g, 水 50 mL) を用意する．フラスコを冷やすとアニリンの塩酸塩を含む内容物は固化する．水 25 mL を加えた後，内容物が均一になるようにフラスコをよく振り混ぜ，氷水で冷やしながら用意した水酸化ナトリウムの濃厚水溶液を少しずつ加える．反応溶液がアルカリ性であることをリトマス試験紙で確かめる．

　同じフラスコに入れたままで水蒸気蒸留 (p.46 の＊1 参照) を行うと，生成したアニリンは乳濁液となって留出する．アニリンが留出し終わると，リービッヒ冷却器を出る液は透明となるから，ここで水蒸気蒸留を止める．

　留出した液に食塩10 g を加えて溶かした後，分液ロート (p.47 参照) に移し，ベンゼン*1 25 mL を加えて振り混ぜる．アニリンはベンゼン層に移るから，これを分離する．

　アニリンのベンゼン溶液を蒸留フラスコに移して，リービッヒ冷却器を接続する．金網上でよく注意しながら弱い炎で熱してベンゼンを蒸留して (沸騰石) 除去した後*2，リービッヒ冷却器を空気冷却器に取り替え，沸点 180〜185 ℃ の留分を集める (図 6-7)．

　得られたアニリンの重量をはかり収率 (p.89 の＊2 参照) を計算し，生成物を提出せよ．

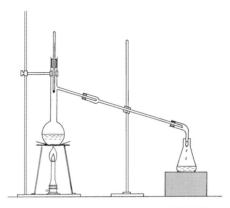

図 6-7　空気冷却器を用いた蒸留装置

6-5 アセチルサリチル酸とサリチル酸メチルの合成

カルボン酸を適当な触媒の存在下にアルコール類と反応させると，エステルが得られる．フェノール類の場合は，水酸基はアルコールの水酸基にくらべてエステル化されにくいので，酸の代わりに酸塩化物または酸無水物を用いる．この実験ではサリチル酸を無水酢酸，またはメタノールと反応させてアセチルサリチル酸およびサリチル酸メチルを合成する．反応生成物については，塩化鉄(III) 反応や融点と赤外線吸収スペクトルを測定して，純度と性質を確認する．

サリチル酸メチル

サリチル酸
mp 160 ℃

アセチルサリチル酸
（アスピリン）
mp 135 ℃

薬 品 ・ 器 具

サリチル酸，無水酢酸 (比重 1.08)，濃硫酸，メタノール，酢酸，塩化鉄(III) 溶液 $(6 \times 10^{-2} \ mol \ L^{-1})$，ウォーターバス，温度計，三角フラスコ (100 mL，50 mL)，目皿，吸引瓶 (300 mL)，ガラスロート，ミクロスパーテル，ガラス棒，試験管，試験管挟み，プラスチック桶，試験管立て，ろ紙，融点測定装置，赤外分光光度計．

実験 1 アセチルサリチル酸の合成

サリチル酸 3.0 g と無水酢酸 6 mL を乾いた 100 mL の三角フラスコに入れ，これに濃硫酸 3 滴を加える．室温で時々振り混ぜながら結晶をすべて溶解した後，すぐに湯浴 (80〜90 ℃) で 5 分間温めて反応させる．三角フラスコを氷水につけると結晶が析出する．析出しない場合はガラス棒でフラスコの内壁をこすってみる．三角フラスコ内へ冷水 50 mL を加えガラス棒でよくかき混ぜて過剰の無水酢酸を分解して結晶をサラサラした状態にする．こうしないと無水酢酸にアセチルサリチル酸が溶けてベタベタした状態となる．ろ紙，目皿とロー

トを用いて吸引ろ過によって結晶を分離する (p.39 参照). さらに三角フラスコ内に少量の水を加えて, 残った結晶を洗い出すようにロートへ移し, ろ過する. 先端を平らにしたガラス棒で注意深く結晶を押しつけ, 水分をできるだけ除去する. 得られた粗アセチルサリチル酸と原料のサリチル酸を別々の試験管に少量ずつとり, 約 3 mL のメタノールに溶解後に塩化鉄 (III) $(6 \times 10^{-2}\,\mathrm{mol\,L^{-1}})$ 溶液を 2,3 滴加え, 色の変化を観察し, 未反応のサリチル酸の有無を確認する.

粗アセチルサリチル酸の結晶を 50 mL の三角フラスコに移し, 湯浴中 (80〜90 °C) で加熱しながら結晶が溶けきるまで約 15 mL の 30% (体積) 酢酸水溶液を加える. 溶け終わったら溶液を放冷して結晶化させる. 結晶が析出しないようなら器壁をガラス棒でこする. 完全に析出させるために冷水で冷やす. 目皿を用いたロートで吸引ろ過を行い, ついで少量の水で結晶を洗った後に, よく吸引して水を除く. 再結晶した結晶をろ紙にはさみ, 押しつけてできるだけ乾燥させる.

精製したアセチルサリチル酸の重量を天秤ではかり収率を計算せよ. 純度を確かめるために精製したアセチルサリチル酸のごく少量をさらにろ紙の間にはさんで押しつけよく乾燥させた後, ガラス棒ですりつぶし微粉末にして融点測

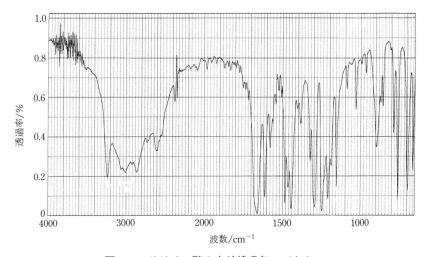

図 6-8 サリチル酸の赤外線吸収スペクトル

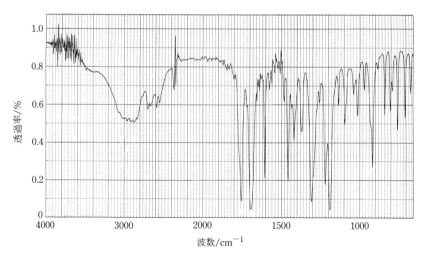

図 6-9　アセチルサリチル酸の赤外線吸収スペクトル

定装置を用いて結晶が溶けはじめた温度から完全に溶け終わった温度を注意深く観察し融点範囲として記録せよ. 赤外線吸収スペクトル (IR スペクトル) を測定するために次のように試料を調製する. 精製した微量のアセチルサリチル酸と少量の臭化カリウムを乳鉢と乳棒で細かくすりつぶして混合後, プレス器を用いて半透明な薄い錠剤にする. 測定で得られた赤外線吸収スペクトルを原料のサリチル酸およびアセチルサリチル酸の標準品のスペクトル (図 6-8, 6-9) と比較せよ.

実験 2　サリチル酸メチルの生成

試験管にサリチル酸 0.3 g, メタノール 1 mL を入れ, さらに濃硫酸 3 滴を触媒として入れる. この試験管を湯浴 (80〜90 ℃) 中にいれよく振り混ぜながら 2 分間加熱する. 冷却後試験管に水 10 mL を加え, ガラス棒でかき混ぜた後, 反応生成物の臭いをかぐ[*1].

---

*1　このとき, 試験管の底に析出する結晶は未反応のサリチル酸である.

6–6 メチルオレンジの合成

メチルオレンジはアゾ色素の一種である．アゾカップリング反応はアゾ色素の典型的な合成法であって，メチルオレンジはジメチルアニリンとスルファニル酸から，次の行程で得られる．

(1) $NaO-SO_2$—〈ベンゼン環〉—$NH_2 + NaNO_2 + H_2SO_4 \xrightarrow{\text{(ジアゾ化)}}$

スルファニル酸の Na 塩

$^-O-SO_2$—〈ベンゼン環〉—$\overset{+}{N}\equiv N + Na_2SO_4 + 2H_2O$

(2) $^-O-SO_2$—〈ベンゼン環〉—$\overset{+}{N}\equiv N +$ 〈ベンゼン環〉—$N(CH_3)_2 \xrightarrow{\text{(アゾカップリング)}}$

$^-O-SO_2$—〈ベンゼン環〉—$N=N$—〈ベンゼン環〉—$\overset{\overset{+}{N}(CH_3)_2}{\underset{H}{}} \xrightarrow{NaOH}$

$NaO-SO_2$—〈ベンゼン環〉—$N=N$—〈ベンゼン環〉—$N(CH_3)_2$ $(+H_2O)$

メチルオレンジ

メチルオレンジは中性およびアルカリ性溶液ではベンゼノイド構造をとって黄色を示すが，酸性にすると，キノイド構造をとって赤色に変わる．

$NaO-SO_2$—〈ベンゼン環〉—$N=N$—〈ベンゼン環〉—$N(CH_3)_2$

ベンゼノイド構造
(中性およびアルカリ性)

$\underset{-H^+}{\overset{+H^+}{\rightleftarrows}}$ $NaO-SO_2$—〈ベンゼン環〉—$\underset{H}{N}-N=$〈キノイド環〉$=N^+(CH_3)_2$

キノイド構造
(酸性)

薬 品 ・ 器 具

スルファニル酸，炭酸ナトリウム，亜硝酸ナトリウム，30%希硫酸，水酸化ナトリウム溶液 $(2\,mol\,L^{-1})$，ジメチルアニリン，酢酸 (比重 1.05)，エ

タノール, ブフナーロート, 吸引瓶 (500 mL), ビーカー (200 mL), 試験管, ブンゼンバーナー, 三脚, 金網, ろ紙, ガラス棒, プラスチック桶, 試験管立て.

実　験

スルファニル酸 2.0 g, 炭酸ナトリウム 0.6 g をビーカー (200 mL) に入れ, 20 mL の水を加えて熱しながら溶かす. これを氷水でよく冷却してから亜硝酸ナトリウム 1.0 g を加える. 撹拌して溶かした後, 氷水で十分に冷やしながら 30% 希硫酸 7 mL と水 15 mL との混合物を少しずつゆっくりと加え, 十分に撹拌するとスルファニル酸のジアゾニウム塩が析出する. 氷水で冷却したまま, しばらく放置して結晶を沈殿させた後, 上澄み液をできるだけデカンテーション (p.42 参照) によって除く.

次にジメチルアニリン 1.2 mL を酢酸 1.0 mL に溶かす. これを上でつくったジアゾニウム塩の懸濁液に少しずつ加えると, ただちにメチルオレンジが析出するが, 反応溶液が泥状になるまでよく撹拌する. このとき反応溶液が冷えすぎていると, カップリング反応が進行しにくいので注意が必要である. ここに水酸化ナトリウム水溶液 ($2 \, \text{mol L}^{-1}$) 40 mL を少しずつ 10 分ほどかけて, ゆっくりと加え, 撹拌する. その後, 反応溶液を注意しながらほとんど沸騰するまで加熱してメチルオレンジを溶かした後, 静かに放冷して再びメチルオレンジを析出させる. 素手で触っても熱くなくなったら, 氷水でさらに冷やす. 十分に析出させた後, ブフナーロートを用いて吸引ろ過を行い (p.39 参照), ついで吸引したまま少量 (数 mL) のエタノールをブフナーロート上の結晶に垂らし, 結晶を洗う. 結晶をろ紙の上に広げて放置し, 完全に風乾させた後, 重量をはかり, 収率 (p.89 の *2 参照) を計算する.

メチルオレンジの一部を試験管にとって, 水に溶かし, 酸 (希塩酸または希硫酸) およびアルカリ (水酸化ナトリウム水溶液または炭酸ナトリウム水溶液) による色の変化を調べよ.

6–7　ナイロンの生成

　ナイロンは線状ポリアミドの一種で，6,6-ナイロン，6-ナイロンなどがよく知られている．6,6-ナイロンはアジピン酸と 1,6-ヘキサンジアミン (ヘキサメチレンジアミン) とから縮合重合によって得られる高分子である．

$$[-\underset{\underset{O}{\|}}{C}-(CH_2)_4-\underset{\underset{O}{\|}}{C}-\overset{\overset{H}{|}}{N}-(CH_2)_6-\overset{\overset{H}{|}}{N}-]_n$$

　この実験ではこの種のポリアミドを合成するために，アジピン酸のかわりに塩化アジポイル (アジピン酸ジクロリド) を用いてナイロンを合成する．

$$n\,Cl-\underset{\underset{O}{\|}}{C}+CH_2\overset{}{)_4}\underset{\underset{O}{\|}}{C}-Cl + n\,H-\overset{\overset{H}{|}}{N}+CH_2\overset{}{)_6}\overset{\overset{H}{|}}{N}-H$$

アジピン酸ジクロリド　ヘキサメチレンジアミン

$$\longrightarrow \left[-\underset{\underset{O}{\|}}{C}+CH_2\overset{}{)_4}\underset{\underset{O}{\|}}{C}-\overset{\overset{H}{|}}{N}+CH_2\overset{}{)_6}\overset{\overset{H}{|}}{N}-\right]_n + 2n\,HCl$$

6,6-ナイロン

薬品・器具

　ヘキサン，塩化アジポイル，1,6-ヘキサンジアミン，炭酸ナトリウム，三角フラスコ (10 mL)，試験管，反応用試験管 (10 mm × 50 mm)，ピンセット，ろ紙，メスシリンダー (20 mL)，試験管立て．

実　　験

　三角フラスコ (10 mL) に塩化アジポイル 3 滴 (約 0.1 g 分に相当) をとり，これをヘキサン 4 mL に溶解させる．他方，反応用試験管 (10 mm × 50 mm) に 1,6-ヘキサンジアミン 0.1 g をとり，水 4 mL に溶かし，これに炭酸ナトリウム 0.1 g を加えて溶液をアルカリ性とする．次に，反応用試験管の 1,6-ヘキサンジアミン溶液の上へ，塩化アジポイル (ヘキサン) 溶液を試験管の側面に沿って静かに加えると 2 液層ができる．

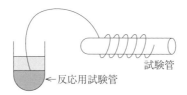

図 6-10　ナイロンの巻き取り方

　しばらくすると，2液層の接触面で重合が起こってナイロンの膜が生じる．この膜の中央にピンセットを入れ，注意深く引き上げると，糸状のナイロンが得られるので試験管に巻き取る (図 6-10)．

　次に，残った反応用試験管内の2液をガラス棒で激しく混ぜ合わせると塊状の重合物が生成する．この生成物をろ紙の間にはさんで水分を除き，生成物を観察する．

　これらの生成物を提出せよ．余った塩化アジポイル溶液は所定の廃液瓶へ捨てる．

6–8　銅アンモニアレーヨンの生成

　植物繊維の主成分であるセルロースは水，弱酸，弱アルカリ，有機溶媒などには不溶であるが，シュバイツァー試薬 (水酸化銅 (II) をアンモニア水に溶かした溶液) にはコロイドになって溶ける[*1]．この溶液を酸性にすると，セルロースが凝固再生する．これが銅アンモニアレーヨン生成の原理である．

薬品・器具

　硫酸銅五水和物，濃アンモニア水 (約 25%)，水酸化ナトリウム $(2\,mol\,L^{-1})$，30%希硫酸，脱脂綿，ビーカー (100 mL)，ピンセット，注射器 (2 mL)，写真用バット (キャビネサイズ)，ガラス棒，メスシリンダー (20 mL)，試験管，試験管立て．

実　験

　濃アンモニア水 9 mL をビーカーにとり，これに硫酸銅五水和物 1.0 g を細かい粉末にして少しずつ加えて溶かす．次に，この混合物に水酸化ナトリウム水溶液 $(2\,mol\,L^{-1})$ 4 mL を少しずつ加えて，静かにかき混ぜると深青色の溶液ができる．これがシュバイツァー試薬である．

　次に，このシュバイツァー試薬中に脱脂綿約 0.3 g を少しずつちぎって入れ，撹拌棒で撹拌しながら溶かし，粘度を調節する．粘度が高すぎる場合は，約 1%のアンモニア水溶液約 3〜6 mL を少しずつ加えて溶液を薄め，ビーカーを傾けるとゆっくり流れ出す程度に調節する．

　注射器のシリンダーに上の溶液をとり，これをバットに 1/3 程度入れた 30%希硫酸中に押し出すと白い糸が得られる[*2]．この糸をピンセットを用いて試験管に巻き取り (図 6-11)，水で洗って乾かす．

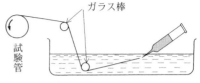

図 6-11　レーヨンの巻き取り方

*1　シュバイツァー試薬は銅アンミン錯体の水溶液であるが，この溶液でセルロースがどのような状態をとっているかは明らかでない．
*2　セルロースは β-グルコースの 1,4-結合からなる鎖状の高分子であり，これが長い繊維になるのはこの鎖状の高分子が互いにからみ合うからである．

7 |||||||||||||||||||||||||||||||||||||||||||||||||||||||||||||||||||||||||||||||||||||||||||||||||||||||||||||||||||

物理化学実験[23-28)

7-1　ステアリン酸の単分子膜

　一分子のサイズは非常に小さいので，私たちの目では見ることはできない．化学では，この目で見えない分子を研究対象としている．この実験では，ステアリン酸を用いて，水面上に単分子膜を作る．「単分子膜」とは，水面と平行な2次元方向は巨視的なサイズをもつが，垂直方向の膜の厚みは単分子のサイズを持つ，非常に薄い膜のことである．単分子膜を調べることで，ステアリン酸1分子についての情報が得られる．この単分子膜の作成技術は，ナノテクノロジーの基本技術と密接に関係している．

実 験 の 原 理

1. 水と油は混じらない

　水と油は親和性が低く，たがいに混ざりあわない．たとえば，水に油の一種であるシクロヘキサン (C_6H_{12}) を注ぐと，混ざりあわずに，2つの層に分離する．これに対して，水と酸は親和性が高く，よく混ざりあう．水と酢酸 (CH_3COOH) でそれを確かめることができる．ステアリン酸 ($CH_3(CH_2)_{16}COOH$) は，ラウリル酸やミリス

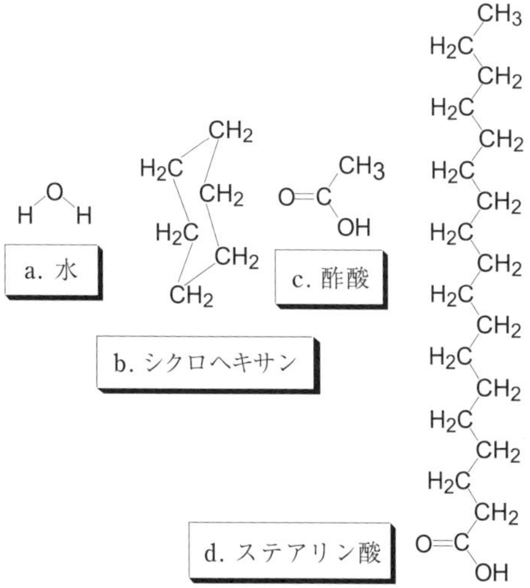

図 7-1　登場する分子の化学構造

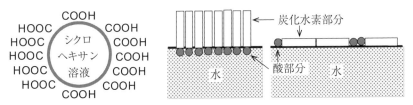

図7-2　ステアリン酸を含むシクロ　　**図 7-3　水面上でのステアリン酸の配列様式**
ヘキサンの液滴

チン酸と同じ脂肪酸の一種で水と親和性の低い炭化水素 ($CH_3(CH_2)_{16}-$) の端に親和性の高い酸の部分 (-COOH) が結合した化合物である (図 7-1). このステアリン酸は長い炭化水素鎖の部分があるために, シクロヘキサンには溶けるが, 水には溶けない.

2. 水面上の油滴

　水面上に, なじみのよくないシクロヘキサンを1滴垂らすと, シクロヘキサン同士は集まり, 水面上に広がることはない.

　シクロヘキサンにごくわずかステアリン酸を溶かした溶液を, 水面に1滴垂らすと, ステアリン酸の酸の部分はシクロヘキサンと相性が悪いので, シクロヘキサンから遠ざかろうとして, 液滴の表面に顔を出した状態になっていると考えられる (図 7-2). したがって, ステアリン酸を微量に含んだシクロヘキサンは, 液滴の表面だけは (内部は違うが) 水となじみがよい状態になっており, 水面上に広がることができる. このときのステアリン酸は, 油汚れを水で洗い落としたい時の石鹸と同じ役目をしている.

3. 水面上でのステアリン酸の配列

　水面上にステアリン酸のシクロヘキサン溶液を垂らした後, しばらくすると, 溶媒のシクロヘキサンは蒸発して, ステアリン酸だけが水面上に残る. このときステアリンの配列は, 図 7-3 に示したような2つの可能性が考えられる. 目ではこの配列様式を確かめることはできないが, 本実験によって水面上でのステアリン酸の配列様式を確かめることができる.

　図 7-4 には, 図 7-3 に示したステアリン酸の配列を膜の上から眺めた図を示

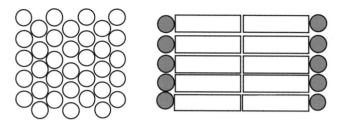

図 7-4　ステアリン酸単分子膜の上面図

している．この図から，2 つの配列様式では，単分子膜中のステアリン酸 1 分子が占める面積が異なることがわかる．ステアリン酸は細長い分子なので，図 7-4 の右側の配列の方が 1 分子の占める面積が広くなる．ステアリン酸の模式的なサイズを，図 7-5 に示す．それぞれの配列様式における占有面積を計算し，実験的に求めた占有面積と比較することにより，ステアリン酸の配列様式を考察する．

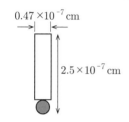

図 7-5　ステアリン酸の分子サイズ

試 薬 ・ 器 具

(2 人分：20 mL 溶液は 2 人で 1 つ調製，単分子膜は各自作る．)

ステアリン酸，シクロヘキサン，精製水，精密電子天秤 (0.1 mg 精度)，メスフラスコ (20 mL，10 mL)，スパチュラ (小)，共栓付三角フラスコ (50 mL)，洗浄用三角フラスコ (20 mL)，ホールピペット (1 mL)，安全ピペッター，マイクロシリンジ (0.25 mL)，シャーレ (内径 10 cm 程度)，物差 (15 cm)，注射針，スポイト，スポイトゴム．

実 　 験

①　ステアリン酸の結晶を約 0.030 g 程度，電子天秤で 20 mL のメスフラスコに量りとり，シクロヘキサンを加えて 20 mL 溶液を調製する (ステアリン酸はシクロヘキサンに溶けにくいので，よく振りまぜて完全に溶解したことを確認する)．その溶液 1 mL をホールピペットと安全ピペッターを用いて，別の 10 mL メスフラスコに移し，シクロヘキサンを加えて 10 倍に希釈する (この

10 mL 溶液は各自がつくること).

②　調製したステアリン酸のシクロヘキサン溶液 (10 mL) をマイクロシリンジで 0.25 mL とり, 水を入れたシャーレ (内径 10 cm 程度) の水面上に 1 滴ずつ, 垂らす場所を変えながら, ゆっくりと滴下していく. 垂らした液滴は, はじめは水面上に広がってすぐに消えて見えなくなるが, 単分子膜が形成されてくると, 次第にレンズ状に集まってなかなか消えなくなる. 液滴が消えてから, 次の 1 滴を加えること. そうすると, シャーレの水面全面にステアリン酸の単分子膜を形成させることができる. 全面に単分子膜が形成されて, さらにシクロヘキサン溶液を滴下すると, レンズ状の液滴が消えた場所に, 小さいが目で見えるフィルム様の浮遊物が残る. これはステアリン酸の多分子膜で, 水面全面にステアリン酸の単分子膜が既にできたことを示す. 浮遊物ができ始めるまでに加えたシクロヘキサン溶液の体積を, マイクロシリンジの目盛りから読み取る. 以上の操作を複数回繰り返して, 加えたシクロヘキサン溶液の体積の再現性を確かめる (実験をやり直す際には, 必ずシャーレを洗剤でよく洗い, 前の実験のステアリン酸を完全に除去すること). 最後に, シャーレの内径を物差で測る.

ステアリン酸 1 分子の占有面積の計算

次の量を順次計算せよ.

①　ステアリン酸の分子量,

②　実験で使ったステアリン酸結晶中の物質量,

③　はじめに調製したシクロヘキサン溶液のモル濃度 (単位：$mol\,cm^{-3}$),

④　10 倍希釈した後のシクロヘキサン溶液のモル濃度,

⑤　シャーレの水面全面に単分子膜を作るのに要したシクロヘキサン溶液中に含まれていたステアリン酸の物質量および分子数,

⑥　シャーレ内の水面の全面積.

⑥で計算した面積の単分子膜中に, ⑤で計算した分子数のステアリン酸が存在するので, 前者を後者で割ると, 1 分子当たりの占有面積が求められる. 得られた結果を, 図 7-3, 4, 5 で考えたモデルからの計算値と比較せよ.

7–2　凝固点降下法によるモル質量の決定

実験の原理と方法

純粋な液体 (溶媒) に他の物質 (溶質) を溶かし込むことによって起こる凝固点の低下を，凝固点降下という．とくに，溶質が不揮発性で溶媒と反応などを起こさないとき，希薄溶液の凝固点降下は濃度に比例する．すなわち，希薄溶液の場合，溶質の濃度 n と凝固点降下度 ΔT との間に，

$$\Delta T = K_{\mathrm{f}} n \tag{2.1}$$

の関係が成り立つ．ここで，n $(\mathrm{mol\,kg^{-1}})$ は質量モル濃度[*1]，K_{f} $(\mathrm{K\,kg\,mol^{-1}})$ はモル凝固点降下定数である．この関係から K_{f} が既知であれば，溶質 w (g) を溶媒 W (kg) に溶かしたときの溶質のモル質量 M $(\mathrm{g\,mol^{-1}})$ は，

$$M = K_{\mathrm{f}} w / (W \Delta T) \tag{2.2}$$

で求められる．

上の 2 式は濃度が希薄な場合にのみ適用できるので，実際には，溶質 (標準物質) の量 w をかえて ΔT を測定し，式 (2.1) が成立していることを確かめる必要がある．

ここでは，シクロヘキサン (凝固点 6.544 ℃) を溶媒として用いる．実験 1 では，モル質量既知の標準物質 (アセナフテン；分子式は $C_{12}H_{10}$) を用いてシクロヘキサンのモル凝固点降下定数 K_{f} を決定する．実験 2 では未知試料のシクロヘキサン溶液の凝固点降下度を測定し，式 (2.2) を用いて溶質のモル質量 M を求める．

また，K_{f} や M を正確に求めるためには，ΔT を精密に測定しなければならないため，0.001 ℃ の精度をもった温度計を使用する．

薬 品 ・ 器 具

シクロヘキサン，アセナフテン (または安息香酸)，モル質量未知の物質，凝固点測定装置 (図 7-6)，温度計 (p.108 の備考を参照)，循環型冷却機，三

[*1]　溶媒 1 kg に溶質が 1 mol 溶けている溶液の質量モル濃度は 1 mol kg^{-1} である．

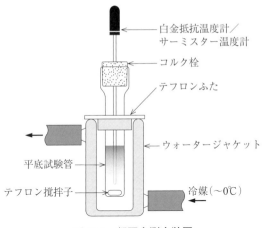

白金抵抗温度計／
サーミスター温度計

コルク栓

テフロンふた

ウォータージャケット

平底試験管

テフロン撹拌子

冷媒(〜0℃)

図 7-6　凝固点測定装置

角フラスコ，秤量瓶，電子天秤，試験管立て．

実験 1　シクロヘキサンのモル凝固点降下定数の決定

①　装置を図 7-6 のように組み立てる．温度測定には抵抗温度計を用いる．精密な器具なので必ず後述の備考を読んで，慎重に取り扱うこと．

②　三角フラスコにシクロヘキサンを 30 mL ほど入れ，電子天秤で秤量する．このフラスコから平底試験管中に，温度計の感温部が深く浸るようにシクロヘキサンを入れ，残ったシクロヘキサンを秤量して平底試験管に入った量を求める (注1)．

③　シクロヘキサンの温度が均一になるように液全体を一定のペースで撹拌しながら，一定時間 (30 秒程度) ごとに温度を測定し記録する．同時に，温度を縦軸に，時間を横軸にとって冷却曲線を方眼紙に描いていく．シクロヘキサンが凝固を始めると温度変化が緩やかになるので，固体の析出を観察しながら，さらに 10 分程度は撹拌を休まず測定を続ける．

④　冷却曲線の水平部分の温度が凝固点を表している．凝固したシクロヘキサンを融かした後，再び測定し，凝固点が一致することを確認する．1 回目で

注1　残ったシクロヘキサンや使用済みのシクロヘキサン溶液は，必ず廃液溜に保存する．

冷却曲線のおおまかな特徴をつかみ，2 回目以降は，時間間隔や温度範囲など
の測定条件を自分で設定するとよい．(冷却曲線の水平部分に勾配が認められる
場合は，その部分のデータを冷却曲線に補外して，凝固し始めた温度を求めな
ければならない．)

⑤　次に，アセナフテン (または安息香酸) のシクロヘキサン溶液の冷却曲線
から凝固点を求める．アセナフテン (または安息香酸) を 30 mg ほど秤量瓶に
入れて電子天秤で秤量する．このアセナフテン (または安息香酸) をあらかじめ
室温に戻しておいた測定管中のシクロヘキサンに溶かし，再び秤量瓶を秤量し
て使用した量を求めてから測定をはじめ，冷却曲線を描く．

⑥　濃度の異なる試料について凝固点降下度を求めるために，⑤ でつくった
溶液に 30 mg 程度のアセナフテン (または安息香酸) を追加し，追加分を完全に
溶かしてから，上と同じように冷却曲線を描く．時間があれば，さらに 30 mg
程度を追加した場合も試みるとよい．

⑦　アセナフテンの濃度 n と凝固点降下度 ΔT のデータを方眼紙に整理すれ
ば，シクロヘキサンのモル凝固点降下定数 K_f が求まる．

⑦′　実験結果とシクロヘキサンのモル凝固点降下定数 K_f から式 (2.2) によ
り安息香酸のモル質量 M が求まる．

⑧　測定後，平底試験管，テフロン撹拌子，温度計は少量のシクロヘキサン
で洗浄し，付着した溶液を除いておく．

実験 2　モル質量の決定

①　モル質量が未知の物質を溶質にして[*1]，実験 1 の ②〜⑥ と同様の手順
でシクロヘキサン溶液の冷却曲線を描く．

②　それぞれの濃度における測定データから決定した ΔT と，実験 1 で決め
たシクロヘキサンのモル凝固点降下定数 K_f を使えば，式 (2.2) からシクロヘ

---

*1　シクロヘキサンに溶けやすい試料としてはビフェニル ($C_{12}H_{10}$)，o-テルフェニル
($C_{18}H_{14}$)，ベンゾフェノン ($C_{13}H_{10}O$)，トリフェニルホスフィン ($C_{18}H_{15}P$)，パルミ
チン酸 ($C_{16}H_{32}O_2$) などがある．

キサンに溶かした物質の溶液中のモル質量 M を計算できる.

【備考】　抵抗温度計

　物質の電気抵抗の温度変化を利用する温度計で,室温付近では白金や半導体の一種であるサーミスターがよく利用される.抵抗値から実際の温度に換算するには標準温度計との比較較正が必要となるが,較正済みの抵抗体とその抵抗値を温度に換算する測定器をセットにしたものが市販されているので,それを使うのが簡便である.市販の抵抗温度計の測温部は,抵抗体とそれを電気的に接続するリード線をステンレス管などで保護して機械的な強度を持たせているが,測温部と測定器の接続ケーブルに無理な力をかけて引っ張ったり急に折り曲げたりすると断線して測定ができなくなるので,注意して取り扱わなければならない.

　試料外部から保護管やリード線を通じての熱流入による温度勾配,測温部自身の熱容量による温度追随の遅れ,抵抗測定に伴うジュール熱の発生などが測定誤差の原因になりうる.正確な温度を測るには試料と測温部をしっかりと接触させる必要があり,液体の場合には十分な深さまで試料に浸す必要がある.

7–3 吸光分析法による指示薬の酸解離定数の決定

　白色可視光の一部が物質によって吸収されると，その透過光や反射光は色を帯びる．光吸収の強さを光の波長 (あるいは振動数) に対する分布として表した光吸収スペクトルが，酸塩基指示薬の酸型 (HX) と塩基型 (X⁻) とでは異なることを利用して，酸塩基指示薬の酸解離定数を決定する．

実験の原理と方法

　波長 λ，強度 I_0 の光が，濃度 c $(\mathrm{mol\,L^{-1}})$ の試料中を長さ d (cm) 通り，強度 I になったとする．透過光の強度 I は次式のように指数関数的に減少する．

$$I = I_0 \times 10^{-\varepsilon(\lambda)cd} \tag{3.1}$$

ここで，$\varepsilon(\lambda)$ はモル吸光係数[*1]といい，試料物質や溶媒，また光の波長 λ によって異なる．常用対数をとると，

$$A(\lambda) \equiv -\log_{10} \frac{I}{I_0} = \varepsilon(\lambda)cd \tag{3.2}$$

となる．$A(\lambda)$ を吸光度といい，試料の濃度と長さに比例する．これをランベルト–ベールの法則という．また I/I_0 を透過率 T と呼ぶ．

　異なる既知濃度の標準試料溶液を，光路長が一定の光学的にきれいな容器 (セル) に入れ，吸光度を測定して，横軸に濃度，縦軸に吸光度をとれば，(3.2) の関係から一般に直線 (これを検量線と呼ぶ) が得られ，その傾きからモル吸光係数が決定できる．モル吸光係数がわかれば，濃度未知の溶液の吸光度を測定することで，濃度を知ることができる．これを吸光分析法という．

　酸塩基指示薬は溶液の水素イオン濃度に依存して次のような酸解離平衡がある．

$$\mathrm{HX} \rightleftharpoons \mathrm{H^+ + X^-} \tag{3.3}$$

[*1] 測定には多くの場合，$d = 1.0\,\mathrm{cm}$ のセルが用いられ，また c は体積モル濃度で記述されるため ε の単位を $\mathrm{L\,mol^{-1}\,cm^{-1}}$ ととることが慣例となっている．

式 (3.3) の化学平衡に質量作用の法則を適用すると，酸解離定数 K_a は

$$K_a = \frac{[\mathrm{H^+}][\mathrm{X^-}]}{[\mathrm{HX}]} \tag{3.4}$$

で表される．両辺の対数をとると，

$$\mathrm{p}K_a = \mathrm{pH} - \log_{10} \frac{[\mathrm{X^-}]}{[\mathrm{HX}]} \tag{3.5}$$

これより pH 既知の溶液中で [HX] および [X⁻] を吸光分析法によって測定すれば，K_a (あるいは指示薬定数 $\mathrm{p}K_a \equiv -\log_{10} K_a$) が求められる．

　本実験では指示薬としてメチルオレンジまたはブロモフェノールブルーを用いる．ブロモフェノールブルーには次のような酸解離平衡が存在する．

メチルオレンジにも同様な解離平衡が存在する (その酸型と塩基型の構造は合成実験の項 (p.96) を見よ)．

　さて，ある波長 λ の光に対して指示薬の酸型と塩基型のモル吸光係数が，それぞれ $\varepsilon_a(\lambda)$, $\varepsilon_b(\lambda)$ であれば，強酸性溶液 ($\mathrm{pH} \ll \mathrm{p}K_a$) と強アルカリ性溶液 ($\mathrm{pH} \gg \mathrm{p}K_a$) での指示薬の吸光度 $A_a(\lambda)$ と $A_b(\lambda)$ は次式で近似できる．ただし c は指示薬の全濃度である．

$$A_a(\lambda) = \varepsilon_a(\lambda)cd \tag{3.6}$$

$$A_b(\lambda) = \varepsilon_b(\lambda)cd \tag{3.7}$$

溶液の pH が指示薬の変色域 ($\mathrm{pH} \sim \mathrm{p}K_a$) にあると，酸型と塩基型の成分が共存する．このときの溶液の吸光度は，それぞれの成分の和となる．

$$A(\lambda) = \varepsilon_a(\lambda)[\mathrm{HX}]d + \varepsilon_b(\lambda)[\mathrm{X^-}]d \tag{3.8}$$

$$c = [\mathrm{HX}] + [\mathrm{X^-}] \tag{3.9}$$

以上の式より，全濃度 c とセル長 d を一定にしておけば，$\varepsilon_a, \varepsilon_b$ を決定しなくても，各成分の濃度が求められる．

ある pH での酸型および塩基型のモル分率 x_a, x_b は，その pH で観測された吸光度を $A(\lambda)$ として，(3.6)〜(3.9) を用いて次のように表すことができる．

$$\text{酸型}\quad x_a \equiv \frac{[\mathrm{HX}]}{c} = \frac{A(\lambda) - A_b(\lambda)}{A_a(\lambda) - A_b(\lambda)} \tag{3.10}$$

$$\text{塩基型}\quad x_b \equiv \frac{[\mathrm{X}^-]}{c} = \frac{A_a(\lambda) - A(\lambda)}{A_a(\lambda) - A_b(\lambda)} \tag{3.11}$$

酸型および塩基型のモル分率を pH の関数として図示すれば，$x_a = x_b = 0.5$ になるときの pH より指示薬の pK_a が求まる．さらに (3.5) を用いれば次式になる．

$$pK_a = pH + \log_{10} \frac{A(\lambda) - A_b(\lambda)}{A_a(\lambda) - A(\lambda)} \tag{3.12}$$

モル分率曲線が描けない場合でも，$A_a(\lambda)$，$A_b(\lambda)$ および変色域での $A(\lambda)$ の値が一点以上あれば pK_a が求められる．

薬 品 ・ 器 具

指示薬としてメチルオレンジ水溶液 ($1.83 \times 10^{-5}\,\mathrm{mol\,L^{-1}}$) またはブロモフェノールブルー水溶液 ($1.20 \times 10^{-5}\,\mathrm{mol\,L^{-1}}$)．クエン酸 ($\mathrm{C_3H_4(OH)(COOH)_3}$) 水溶液 ($0.2\,\mathrm{mol\,L^{-1}}$)，塩酸 ($0.2\,\mathrm{mol\,L^{-1}}$)，水酸化ナトリウム水溶液 ($0.2\,\mathrm{mol\,L^{-1}}$)，炭酸水素ナトリウム水溶液 ($0.2\,\mathrm{mol\,L^{-1}}$)，濃度未知の指示薬試料水溶液．

ホールピペット ($5, 10\,\mathrm{mL}$)，メスピペット ($5\,\mathrm{mL}$)，安全ピペッター，メスフラスコ ($20, 50\,\mathrm{mL}$)，ビーカー ($50\,\mathrm{mL}$)，試験管，石英セル ($d = 1.0\,\mathrm{cm}$)，紫外可視分光光度計，駒込ピペット ($2\,\mathrm{mL}$)，スポイト，スポイトゴム，試験管立て．

実験 1　検量線の作成と濃度未知試料の濃度決定

①　指定された指示薬水溶液 (原液) の 2 倍，4 倍，および 10 倍希釈の水溶

液を正確に調製する．ここでまず 2 倍希釈溶液の調製は，20 mL のメスフラスコに 10 mL のホールピペットで指示薬水溶液をとり，標線まで水を入れて 2 倍に希釈し，よく混合した後いったん乾いた試験管に移す．4 倍希釈水溶液の調製には 5 mL のホールピペットと 20 mL のメスフラスコ，10 倍希釈水溶液の調製には 5 mL のホールピペットと 50 mL のメスフラスコを用いる．メスフラスコは毎回よく水で洗う必要がある．

②　① でつくった 3 種類の異なる濃度の指示薬水溶液と原液を乾いた試験管にそれぞれ 5 mL ずつ分取する．次に，用いる指示薬がメチルオレンジのときは塩酸水溶液 5 mL を，ブロモフェノールブルーのときには炭酸水素ナトリウム水溶液 5 mL を各試験管に加え，よく撹拌する．

③　4 種類の濃度の調製試料について紫外可視分光光度計を用いて 250〜700 nm の範囲で吸収スペクトルを測定する．試料の測定に入る前に，一対の測定セルに精製水を底から 8 分目程度まで入れ，分光器取り扱い説明書に従ってベースラインの補正を行う[*1]．これにより測定セルや溶媒による光の反射や吸収に基づく誤差は消去されて，試料溶質による光の吸収が測定される．その後，手前の試料用セルを測定する少量の試料ですすぎ，試料を入れて測定を行い，吸収スペクトルを記録紙に重ね書きする．

④　得られた各吸収スペクトルの極大波長および極大波長における吸光度を記録せよ．極大波長における吸光度を指示薬の濃度に対して図示し，検量線を作成する．ランベルト-ベールの法則が成り立っていることを確認し，その波長での指示薬のモル吸光係数を式 (3.2) を用いて図の勾配から求めよ．

⑤　指定された指示薬の濃度未知の水溶液について，② に従って測定溶液を調製し，吸収スペクトルを測定し，作成した検量線を用いて濃度を決定せよ．

実験 2　指示薬の酸解離定数の決定

溶液の pH が既知であれば各 pH での吸収スペクトルから指示薬の酸解離定

[*1]　光吸収は，測定用セルの内外の汚点，指紋，気泡などに影響を受けるので，外側はキムワイプなどでよく拭き取る．撹拌棒でこすったり，ブラシで洗ったりして壁面に傷をつけない．使用後は洗浄液につけておく．

表 7-1 調製する溶液の混合割合と溶液の pH

試験管番号	1	2	3	4	5	6	7	8	8[注2]
クエン酸水溶液	—[注1]	4.0	3.5	3.0	2.5	2.0	1.5	0	0
NaOH 水溶液	0	1.0	1.5	2.0	2.5	3.0	3.5	5.0	—[注2]
pH	1.0	2.6	2.9	3.3	3.8	4.5	5.6	12.0	約 8

[注1] クエン酸ではなく塩酸 5 mL とする.

[注2] 指示薬としてブロモフェノールブルーを用いる場合の溶液調製では,NaOH 水溶液ではなく炭酸水素ナトリウム水溶液 5 mL とする.

数 pK_a を求めることができる.指示薬の酸型および塩基型のモル分率が pH によりどのように変わるかを示すモル分率曲線を作成し,酸解離定数 pK_a を決定する.

① 乾いた試験管 8 本を用意し,試験管 **1** には塩酸を 5 mL 入れる.試験管 **2〜7** には,表 7-1 に示す割合で 2 種の溶液をメスピペットを用いて正確に混合し,それぞれ 5 mL の 6 種類のクエン酸緩衝溶液を調製する.また試験管 **8** には,用いる指示薬がメチルオレンジのときは水酸化ナトリウム水溶液を,ブロモフェノールブルーのときには炭酸水素ナトリウム水溶液 5 mL を入れる.

② 試験管 (**1〜8**) に指定された指示薬水溶液を 5 mL ずつ加えてよく撹拌する.以上の操作により,指示薬の濃度がいずれも同じで,pH の異なる 8 種類の溶液ができる.25 ℃ での pH はそれぞれ表 7-1 に示したとおりである.

③ 各試料について紫外可視分光光度計を用いて 250〜700 nm の範囲で吸収スペクトルを測定し,記録紙に重ね書きする.(試料の測定に入る前にベースラインの補正を行う.実験 1 で行っていれば再度行う必要はない.)

④ ③ で得られた吸収スペクトルにおいて,すべての試料の吸光度が等しくなる波長 (等吸収点) の存在を確認せよ.さらに試験管 **1** と **8** の吸光度 A の差が比較的大きい波長のときの各溶液 (**1〜8**) の吸光度 A を記録せよ.式 (3.10),(3.11) を用いて指示薬の酸型および塩基型のモル分率 x_a, x_b を求め,pH に対する図として表せ.作成した図より,酸型および塩基型の存在比が pH によってどのように変わるか確認し,指示薬の酸解離定数 pK_a を求めよ.(解離定数は測定温度に依存するので室温を確認しておく.)

【備考】 紫外可視分光光度計

　紫外可視分光光度計の構成を図 7-7 に示す．白色光源から出た光は，回折格子を用いた分光器により単色化され，2 つの光束に分けられて試料セルと対照試料セルに入射する．試料セル通過後の光の強度は光電子増倍管または半導体光電変換素子 (フォトダイオード) で検出後，電気信号に変えられ吸光度として表示される．回折格子を機械的に回転させることで，入射波長を自動的に掃引して吸収スペクトルが測定できる．

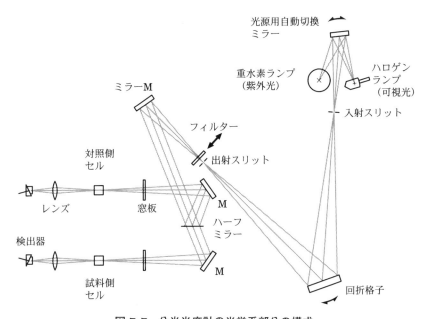

図 7-7　分光光度計の光学系部分の構成

7–4 ショ糖の加水分解反応の速度定数の決定

ショ糖は水溶液中で適当な触媒により加水分解を受けて転化糖となる.

$$C_{12}H_{22}O_{11} + H_2O \xrightarrow{\text{触媒}} C_6H_{12}O_6 + C_6H_{12}O_6$$
$$\text{ショ糖} \qquad\qquad\qquad \text{ブドウ糖} \quad \text{果糖}$$

ここでは,酸を触媒とした場合の反応の速度定数を求める.

実験の原理と方法

上の反応は,速度がショ糖の濃度 c_S に比例する一次反応である[*1].

$$-\frac{dc_S}{dt} = kc_S \tag{4.1}$$

一次反応速度定数 k は反応する確率に関係した量であり[*2],温度や酸の濃度によって変化する.式 (4.1) を積分し,初期 ($t=0$) のショ糖濃度を c_{S_0} とすると次式が得られる.

$$\ln(c_S/c_{S_0}) \equiv \log_e(c_S/c_{S_0}) = -kt \tag{4.2}$$

$$c_S = c_{S_0}e^{-kt} \tag{4.3}$$

時々刻々変化するショ糖濃度の初期濃度に対する比を測定すれば速度定数が求まる.

ショ糖の加水分解反応では反応が進むにつれて試料溶液の体積が減少する.この変化量はショ糖濃度の変化量に比例するので,ショ糖濃度の時間変化を体積の時間変化から求める.ここでは膨張計の読み (V) を反応の解析に用いる.ショ糖がすべて転化糖になる反応完了時の膨張計の読みを V_∞ とすると,ある時刻 (t) での膨張計の読み V との体積の差 ($V - V_\infty$) がその時刻でのショ糖の濃度に比例する.測定を始めた時刻の膨張計の読みを V_0 とすると,

$$\ln\frac{c_S}{c_{S_0}} = \ln\frac{V - V_\infty}{V_0 - V_\infty} = -kt \tag{4.4}$$

$$\ln|V - V_\infty| = \ln|V_0 - V_\infty| - kt \tag{4.5}$$

*1 速度がショ糖と水の両方の濃度に比例する二次反応だが,水の濃度の変化は無視できるので,見かけは一次 (擬一次) 反応となる.
*2 反応物が $1/e$ になるまでの時間は寿命と呼ばれ,一次反応の速度定数の逆数である.また半減期 (半減時間) も速度定数から求められる.

が得られる.

薬 品 ・ 器 具

ショ糖, 塩酸 (10%, 比重 1.05), ワセリン, 電子天秤, 三角フラスコ (100 mL),
メスシリンダー (50 mL), 湯浴, 膨張計 (備考参照), 恒温槽, ビーカー
(50 mL), ストップウォッチ, 温度計, フラスコダイバーリング.

実　　験

① 電子天秤ではかりとったショ糖 10 g を三角フラスコに入れ, 約 20 mL の
水に少し温めて溶かす. この溶液をメスシリンダーに移し, 水を加えて 30 mL
にする.

② 上のショ糖水溶液および 30 mL の塩酸をそれぞれ別の三角フラスコに入
れ, これらを恒温槽につけて定温にする.

③ あらかじめ膨張計に栓をして液を満たす練習を行っておく (栓をする前
に毛細管の中の水をよく切っておくとよい). 液の漏れを防ぐために, 膨張計の
すり合せ部分にワセリンをごく薄く塗ってから, 空の膨張計も恒温槽に入れて
定温にしておく. 膨張計を動かすときには必ず瓶本体を持つこと.

④ 糖の溶液および塩酸を速やかに混合し (フラスコ間で 2, 3 度移し変えて,
よく撹拌する) 反応を開始させる. 混合試料液を膨張計に移し, できるだけ手
際よく試料液で満たされるように栓をする.

⑤ 反応の初期には約 1 分ごとに膨張計を読む. 目盛を読んだ瞬間の経過時
間も秒単位まで記録する. 反応が進んで体積変化が遅くなったら, 測定間隔を
長くしてもかまわない. 実験中に V の値を記録しながら図に記入していくと,
反応や測定の異常を直ちに発見できる.

⑥ 反応が完結するまで測定を続け, 一定値 V_∞ を読み取る.

⑦ $\ln |V - V_\infty|$ または $\log_{10} |V - V_\infty|$ を縦軸に, 反応時間を横軸にとり,
図を描く. 反応が式 (4.5) に従う, すなわち, 測定点の軌跡が直線になること

を確かめて，その傾斜[*1]から反応速度定数 k を求める.

⑧　時間があれば，塩酸の濃度や温度を変えて測定し，速度定数を求めて比較する．反応速度定数 k の温度依存性から，アレニウスの式 (4.6) を用いて活性化エネルギーを求めることができる．

$$k = A\exp\left(-E_\mathrm{a}/RT\right) \tag{4.6}$$

ここで，A は頻度因子，E_a は活性化エネルギー，R は気体定数，T は絶対温度である．式 (4.6) の両辺の対数をとると次式が得られる．

$$\ln k = \ln A - E_\mathrm{a}/RT \tag{4.7}$$

したがって，$1/T$ に対して $\ln k$ をプロットして直線関係を確かめ，その傾斜から E_a を求める．

⑨　使用した塩酸はかなり濃いので廃液溜に保存する．
実験を終えたら膨張計は洗浄液に浸けておく．

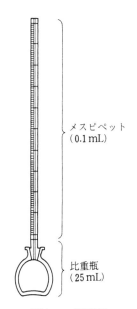

メスピペット
(0.1 mL)

比重瓶
(25 mL)

図 7-8　膨張計

【備考】　膨張計

　膨張計として，25 mL の比重瓶とその栓に 0.1 mL のメスピペットを接合したものを用いる (このショ糖濃度では反応完結時には体積が約 0.3%減少する)．

　水の体膨張率は 30 ℃ で 0.03%/℃ なので，膨張計の温度を一定に保つ必要がある．

[*1]　縦軸に $\log_{10}|V - V_\infty|$ をとったときの傾斜は $k/\ln 10$ になる．$\ln 10 \sim 2.303$.

参 考 書

1) 大木・大沢・田中・千原編『化学大辞典』東京化学同人，1989.
2) 有機合成化学協会編『有機化合物辞典』講談社，1985.
3) M.J. O'Neil, "The Merck Index(14 th edition)", Merck, 2006.
4) 日本化学会編『化学便覧 基礎編 I, II (改訂 5 版)』丸善，2004.
5) 日本化学会編『実験化学ガイドブック』丸善，1984.
6) 長倉・井口・江沢・岩村・佐藤・久保編『理化学辞典 (第 5 版)』岩波，1998.

第 2 章 化学実験室では
7) 化学同人編集部編『実験を安全に行うために (第 8 版)』化学同人，2017.
8) 日本化学会編『化学実験の安全指針 (第 4 版)』丸善，1999.
9) 徂徠・山本・山成・齋藤・山本・高橋・鈴木『学生のための化学実験安全ガイド』東京化学同人，2003.
10) 大阪大学学生生活委員会編『安全のための手引き』(非売品).

第 3 章 実験の記録とレポートの書き方
11) 泉・小川・加藤・塩川・芝監修『改訂化学のレポートと論文の書き方』化学同人，1999.
12) 日本化学会編『第 4 版 実験化学講座 1 (基本操作 I)』丸善，1990.

第 4 章 知っておきたい基本操作
13) 日本化学会編『第 4 版 実験化学講座 1 (基本操作 I)』丸善，1990.
14) 日本化学会編『新実験化学講座 1 (基本操作 II)』丸善，1975.
15) 日本化学会編『新実験化学講座 9 (分析化学 II)』丸善，1975.
16) 日本化学会編『新実験化学講座 13 (有機構造 I, II)』丸善，1977.
17) 畑　一夫，渡辺健一『基礎有機化学実験』丸善，1968.
18) 化学同人編集部編『続実験を安全に行うために基本操作・基本測定編 (第 3 版)』化学同人，2007.

第 5 章 無機化学実験
19) 斉藤信房編『大学実習分析化学 (改訂版)』裳華房，1988.
20) G.D. Chistian, P.K. Dasgupta, K.A. Schug, 今任稔彦，角田欣一監訳『クリスチャン分析化学 (原書 7 版) I. 基礎編』丸善，2016.

第 6 章　有機化学実験

21)　磯辺・市川・鈴木・中村・家永・今井・中塚訳『フィーザー・ウィリアムソン有機化学実験 (原書 8 版)』丸善，2000.

22)　武田一美『おもしろい化学の実験』東洋館出版社，1992.

第 7 章　物理化学実験

物理化学一般に関しては，

23)　千原秀昭・江口太郎・齋藤一弥訳『マッカーリ・サイモン物理化学』(上，下) 東京化学同人，1999，2000.

24)　Peter Atkins, Julio de Paula, 中野元裕・上田貴洋・奥村光隆・北河康隆訳『アトキンス物理化学 (第 10 版)』(上，下) 東京化学同人，2017.

25)　大門　寛・堂免一成訳『バーロー物理化学 (第 6 版)』(上，下) 東京化学同人，1999.

実験方法などに関しては，

26)　鮫島實三郎『物理化学実験法 (増補版)』裳華房，1977.

27)　千原秀昭監修，祖徠道夫・中澤康浩編『物理化学実験法 (第 5 版)』東京化学同人，2011.

28)　足立吟也・石井康敬・吉田郷弘編『物理化学実験のてびき』化学同人，1993.

付表 1　国際単位系 (SI)

(a)　SI 基本単位

物理量	名称	単位記号
長さ	メートル	m
質量	キログラム	kg
時間	秒	s
電流	アンペア	A
熱力学温度	ケルビン	K
光度	カンデラ	cd
物質の量	モル	mol

(b)　SI 接頭語

大きさ	接頭語	記号
10^{-1}	デ　　シ	d
10^{-2}	セ　ン　チ	c
10^{-3}	ミ　　リ	m
10^{-6}	マイクロ	μ
10^{-9}	ナ　　ノ	n
10^{-12}	ピ　　コ	p
10^{-15}	フェムト	f
10^{-18}	ア　ッ　ト	a
10	デ　　カ	da
10^2	ヘ　ク　ト	h
10^3	キ　　ロ	k
10^6	メ　　ガ	M
10^9	ギ　　ガ	G
10^{12}	テ　　ラ	T

(c)　SI 誘導単位

物　理　量	名　　称	記号	SI 単位の定義
周波数	ヘルツ	Hz	s^{-1}
エネルギー	ジュール	J	$kg\,m^2\,s^{-2}$
力	ニュートン	N	$kg\,m\,s^{-2} = J\,m^{-1}$
仕事率	ワット	W	$kg\,m^2\,s^{-3} = J\,s^{-1}$
圧力	パスカル	Pa	$kg\,m^{-1}\,s^{-2} = N\,m^{-2} = J\,m^{-3}$
電荷	クーロン	C	As
電位差	ボルト	V	$kg\,m^2\,s^{-3}\,A^{-1} = J\,A^{-1}\,s^{-1}$
電気抵抗	オーム	Ω	$kg\,m^2\,s^{-3}\,A^{-2} = V\,A^{-1} = S^{-1}$
コンダクタンス	ジーメンス	S	$kg^{-1}\,m^{-2}\,s^3\,A^2 = \Omega^{-1}$
電気容量	ファラッド	F	$A^2\,s^4\,kg^{-1}\,m^{-2} = A\,s\,V^{-1}$
磁束	ウェーバー	Wb	$kg\,m^2\,s^{-2}\,A^{-1} = V\,s$
インダクタンス	ヘンリー	H	$kg\,m^2\,s^{-2}\,A^{-2} = V\,A^{-1}\,s$
磁束密度 (磁気誘導)	テスラ	T	$kg\,s^{-2}\,A^{-1} = V\,s\,m^{-2}$

付表 2　基本物理定数

物 理 量	記　号	数　　値	単　位
プランク定数*	h	$6.626\,070\,15 \times 10^{-34}$	J s
電気素量*	e	$1.602\,176\,634 \times 10^{-19}$	C
ボルツマン定数*	$k,\ k_{\mathrm{B}}$	$1.380\,649 \times 10^{-23}$	J K^{-1}
アボガドロ定数*	N_{A}	$6.022\,140\,76 \times 10^{23}$	mol^{-1}
真空中の光速度*	c_0	$299\,792\,458$	m s^{-1}
真空の透磁率	μ_0	$1.256\,637\,062\,12\,(19) \times 10^{-6}$	N A^{-2}
真空の誘電率	ε_0	$8.854\,187\,812\,8\,(13) \times 10^{-12}$	F m^{-1}
電子の静止質量	m_{e}	$9.109\,383\,701\,5\,(28) \times 10^{-31}$	kg
陽子の静止質量	m_{p}	$1.672\,621\,923\,69\,(51) \times 10^{-27}$	kg
ファラデー定数	F	$9.648\,533\,212\,331 \times 10^{4}$	C mol^{-1}
ハートリーエネルギー	E_{h}	$4.359\,744\,722\,207\,1\,(85) \times 10^{-18}$	J
ボーア半径	a_0	$5.291\,772\,109\,03\,(80) \times 10^{-11}$	m
ボーア磁子	μ_{B}	$9.274\,010\,078\,3\,(28) \times 10^{-24}$	J T^{-1}
核磁子	μ_{N}	$5.050\,783\,746\,1\,(15) \times 10^{-27}$	J T^{-1}
リュードベリ定数	R_{∞}	$10\,973\,731.568\,160\,(21)$	m^{-1}
気体定数*	R	$8.314\,462\,618\,153\,2$	J K^{-1} mol^{-1}
万有引力定数	G	$6.674\,30\,(15) \times 10^{-11}$	N m^2 kg^2
自由落下の標準加速度*	g_{n}	$9.806\,65$	m s^{-2}
水の三重点*	$T_{\mathrm{tp}}(\mathrm{H_2O})$	273.16	K
セルシウス温度目盛のゼロ点	$T\,(0\,^{\circ}\mathrm{C})$	273.15	K
理想気体 (1000 hPa, 213.15 K) のモル体積*	V_0	$22.710\,954\,64 \times 10^{-3}$	m^3 mol^{-1}

*　定義された正確な値である.

付表 3　エネルギー単位の換算表

	波数 ν $\mathrm{cm^{-1}}$	振動数 ν MHz	エネルギー E eV	モルエネルギー E_m		温度 T K
				$\mathrm{kJ\,mol^{-1}}$	$\mathrm{kcal\,mol^{-1}}$	
$\tilde{\nu}:1\,\mathrm{cm^{-1}}$	1	2.997925×10^4	1.239842×10^{-4}	11.96266×10^{-3}	2.85914×10^{-3}	1.438769
$\nu:1\,\mathrm{MHz}$	3.33564×10^{-5}	1	4.135669×10^{-9}	3.990313×10^{-7}	9.53708×10^{-8}	4.79922×10^{-5}
$E:1\,\mathrm{eV}$	8065.54	2.417988×10^8	1	96.4853	23.0605	1.16045×10^4
$E_\mathrm{m}:$ 1 kJ/mol	83.5935	2.506069×10^6	1.036427×10^{-2}	1	0.239006	120.272
1 kcal/mol	349.755	1.048539×10^7	4.336411×10^2	4.184	1	503.217
$T:1\,\mathrm{K}$	0.695039	2.08367×10^4	8.61738×10^{-5}	8.31451×10^{-3}	1.98722×10^{-3}	1

付表 4　水の密度

温度 °C	密度 $\mathrm{g\,cm^{-3}}$	温度 °C	密度 $\mathrm{g\,cm^{-3}}$	温度 °C	密度 $\mathrm{g\,cm^{-3}}$
0	0.999 840	21	0.997 994	41	0.991 83
1	0.999 899	22	0.997 772	42	0.991 44
2	0.999 940	23	0.997 540	43	0.991 04
3	0.999 964	24	0.997 299	44	0.990 33
4	0.999 972	25	0.997 047	45	0.990 22
5	0.999 964	26	0.996 786	46	0.989 80
6	0.999 940	27	0.996 516	47	0.989 37
7	0.999 902	28	0.996 236	48	0.988 94
8	0.999 849	29	0.995 948	49	0.988 49
9	0.999 781	30	0.995 650	50	0.988 05
10	0.999 700	31	0.995 344	55	0.985 70
11	0.999 606	32	0.995 030	60	0.983 21
12	0.999 498	33	0.994 706	65	0.980 57
13	0.999 378	34	0.994 375	70	0.977 79
14	0.999 245	35	0.994 036	75	0.974 86
15	0.999 101	36	0.993 688	80	0.971 83
16	0.998 944	37	0.993 332	85	0.968 62
17	0.998 776	38	0.992 969	90	0.965 32
18	0.998 597	39	0.992 598	95	0.961 89
19	0.998 407	40	0.992 219	100	0.958 35
20	0.998 206				

(日本化学会編：化学便覧 基礎編 II (改訂 3 版)，1984 から)

付表5 水 (液) の蒸気圧 (0〜150 °C, 圧力の単位は hPa = 100 Pa = mbar)

温度 ℃	0	1	2	3	4	5	6	7	8	9
0	6.107	6.566	7.055	7.577	8.131	8.722	9.349	10.016	11.206	11.478
10	12.276	13.124	14.023	14.975	15.983	17.049	18.178	19.373	20.636	21.970
20	23.379	24.866	26.435	28.091	29.836	31.675	33.612	35.652	37.798	40.057
30	42.432	44.928	47.552	50.306	53.199	56.235	59.420	62.760	66.261	69.930
40	73.77	77.79	82.01	86.42	91.03	95.85	100.88	106.15	111.64	117.39
50	123.39	129.64	136.16	142.96	150.05	157.44	165.15	173.16	181.52	190.20
60	199.24	208.65	218.42	228.59	239.15	250.14	261.54	273.38	285.67	298.43
70	311.67	325.40	339.62	354.38	369.69	385.53	401.95	418.95	436.56	454.77
80	473.64	493.14	513.33	534.19	555.77	578.06	601.11	624.91	649.50	674.89
90	701.10	728.16	756.08	784.89	814.61	845.26	876.86	909.44	943.01	977.61
100	1013.2	1050.0	1087.8	1126.7	1166.8	1208.0	1250.4	1294.1	1339.0	1385.2
110	1432.7	1481.5	1531.6	1583.2	1636.1	1690.5	1746.4	1803.8	1862.8	1923.3
120	1985.3	2049.0	2114.5	2181.5	2250.3	2320.9	2393.1	2467.4	2543.4	2621.2
130	2701.1	2783.0	2866.8	2952.5	3040.5	3130.5	3222.7	3317.1	3413.6	3512.4
140	3613.6	3717.0	3822.9	3931.0	4041.8	4155.0	4270.7	4389.0	4509.9	4633.3
150	4759.7									

単位の換算：1 mmHg = 133.322 Pa, 1 bar = 10^5 Pa, 1 atm = 760 mmHg = 101325 Pa

(日本化学会編：化学便覧 基礎編II (改訂3版), 1984 から作成)

付表6 ギリシア文字

A	α	アルファ	N	ν	ニュー
B	β	ベータ	Ξ	ξ	グザイ
Γ	γ	ガンマ	O	o	オミクロン
Δ	δ	デルタ	Π	π	パイ
E	ε	イプシロン	P	ρ	ロー
Z	ζ	ゼータ	Σ	σ	シグマ
H	η	イータ	T	τ	タウ
Θ	θ, ϑ	シータ	Γ	υ	ウプシロン
I	ι	イオタ	Φ	ϕ, φ	ファイ
K	κ	カッパ	X	χ	カイ
Λ	λ	ラムダ	Ψ	ψ	プサイ
M	μ	ミュー	Ω	ω	オメガ

付表 7　水銀気圧計の補正

ある温度 t における気圧計の読みを 0 ℃ における黄銅製スケールの読みにするためには下の値を読みから引けばよい. (単位は hPa = 100 Pa = mbar)

$t/℃$	980	990	1000	1010	1020	1030	1040
1	0.16	0.16	0.16	0.16	0.17	0.17	0.17
2	0.32	0.32	0.33	0.33	0.33	0.34	0.34
3	0.48	0.48	0.49	0.49	0.50	0.50	0.51
4	0.64	0.65	0.65	0.66	0.67	0.67	0.68
5	0.80	0.81	0.82	0.82	0.83	0.84	0.85
6	0.96	0.97	0.98	0.99	1.00	1.01	1.02
7	1.12	1.13	1.14	1.15	1.16	1.17	1.19
8	1.28	1.29	1.30	1.32	1.33	1.34	1.36
9	1.44	1.45	1.47	1.48	1.50	1.51	1.52
10	1.60	1.61	1.63	1.64	1.66	1.68	1.69
11	1.76	1.77	1.79	1.81	1.83	1.84	1.86
12	1.91	1.93	1.95	1.97	1.99	2.01	2.03
13	2.07	2.09	2.12	2.14	2.16	2.18	2.20
14	2.23	2.25	2.28	2.30	2.32	2.35	2.37
15	2.39	2.42	2.44	2.46	2.49	2.51	2.54
16	2.55	2.58	2.60	2.63	2.65	2.68	2.71
17	2.71	2.74	2.76	2.79	2.82	2.85	2.87
18	2.87	2.90	2.93	2.96	2.98	3.01	3.04
19	3.03	3.06	3.09	3.12	3.15	3.18	3.21
20	3.18	3.22	3.25	3.28	3.31	3.35	3.38
21	3.34	3.38	3.41	3.45	3.48	3.51	3.55
22	3.50	3.54	3.57	3.61	3.64	3.68	3.72
23	3.66	3.70	3.73	3.77	3.81	3.85	3.88
24	3.82	3.86	3.90	3.93	3.97	4.01	4.05
25	3.98	4.02	4.06	4.10	4.14	4.18	4.22
26	4.13	4.18	4.22	4.26	4.30	4.34	4.39
27	4.29	4.34	4.38	4.42	4.47	4.51	4.55
28	4.45	4.50	4.54	4.59	4.63	4.68	4.72
29	4.61	4.65	4.70	4.75	4.80	4.84	4.89
30	4.77	4.81	4.86	4.91	4.96	5.01	5.06

　水銀気圧計の水銀柱の高さは，水銀の密度 (温度の関数) および重力の加速度 g によって変わり，気圧計に組み込まれている黄銅製のスケールも温度により伸縮する. 水銀柱の高さによる気圧の測定では標準重力加速度, $g = 9.80665\,\mathrm{m\,s^{-2}}$ のときの 0 ℃ の水銀柱の高さを基準にしているので，$t(℃)$ で測定したときの読みには温度補正が必要である.

　上表は，水銀の体膨張率を $\alpha = 1.818 \times 10^{-4}\,℃^{-1}$, 黄銅の線膨張率を $\beta = 1.84 \times 10^{-5}\,℃^{-1}$ として，(気圧計の読み)$\times t(\alpha-\beta)/(1 + \alpha t)$ により算出した補正である.

　実際の実験室の重力加速度 g' が標準値と異なっていることに対する補正は，温度補正した値に g'/g を掛ければよい.

付表 8 無機化合物の溶解度積* (室温)

AgBr	2.1×10^{-13}	Hg_2Cl_2	1.3×10^{-18}
AgCl	$1.8 \times 10^{-10\dagger}$	Hg_2I_2	4.5×10^{-29}
Ag_2CrO_4	2.4×10^{-12}	HgS	4×10^{-53}
AgI	1.5×10^{-16}	$MgCO_3 \cdot 3H_2O$	1×10^{-5}
$BaCO_3$	5.1×10^{-9}	$MnCO_3$	1.8×10^{-11}
$BaC_2O_4 \cdot H_2O$	2.3×10^{-8}	MnS (無定形)	3×10^{-10}
$BaCrO_4$	1.2×10^{-10}	NiS (α)	3×10^{-19}
$BaSO_4$	2.0×10^{-11}	$PbCl_2$	1.6×10^{-6}
$CaCO_3$	2.9×10^{-9}	$PbCrO_4$	1.8×10^{-14}
$CaC_2O_4 \cdot H_2O$	4×10^{-9}	PbS	1×10^{-28}
$CaCrO_4$	$2.3 \times 10^{-2\dagger\dagger}$	$PbSO_4$	7.2×10^{-8}
$CaSO_4$	2.3×10^{-5}	SnS	1×10^{-25}
CdS	5×10^{-28}	$SrCO_3$	2.8×10^{-9}
CoS(α)	4×10^{-21}	$SrCrO_4$	3.6×10^{-5}
CuI	9.4×10^{-13}	$SrSO_4$	3.2×10^{-7}
CuS	6×10^{-36}	ZnS(α)	4.3×10^{-25}
FeS	6×10^{-18}	ZnS(β)	3×10^{-22}

* 2種以上のイオンが溶液中で反応して沈殿 (結晶) をつくるとき，この沈殿と平衡にある溶液中の各イオン濃度の積を溶解度積という．化合物によっては，複雑な溶存状態を示し，溶解度積の値が測定者によってかなり違っているものもある．(日本化学会編，化学便覧基礎編 II (改訂 2 版)，1975)

† D.R. Lide ed., *CRC Handbook* (72nd), 1991.

†† 溶解度から計算した値．

付表 9 4 桁の原子量表 (^{12}C の相対原子質量 = 12)

日本化学会原子量小委員会では，実用上の便宜を考えて，IUPAC 原子量委員会で承認された 4 桁の原子量表を改変のうえ掲載することにした．本表の原子量値の信頼度は，有効数字の 4 桁目で ±1 以内であるが，* を付したものは ±2 以内，† を付したものは ±3 以内である．また，安定同位体がなく，特定の天然同位体組成を示さない元素については，その元素の代表的な放射性同位体の中から 1 種を選んでその質量数を ( ) の中に表示してある (したがってその値を他の元素の原子量と同等に取り扱うことはできない点に注意していただきたい)．

原子番号	元素名	元素記号	原子量	原子番号	元素名	元素記号	原子量
1	水素	H	1.008	60	ネオジム	Nd	144.2
2	ヘリウム	He	4.003	61	プロメチウム	Pm	(145)
3	リチウム	Li	6.941*	62	サマリウム	Sm	150.4
4	ベリリウム	Be	9.012	63	ユウロピウム	Eu	152.0
5	ホウ素	B	10.81	64	ガドリニウム	Gd	157.3
6	炭素	C	12.01	65	テルビウム	Tb	158.9
7	窒素	N	14.01	66	ジスプロシウム	Dy	162.5
8	酸素	O	16.00	67	ホルミウム	Ho	164.9
9	フッ素	F	19.00	68	エルビウム	Er	167.3
10	ネオン	Ne	20.18	69	ツリウム	Tm	168.9
11	ナトリウム	Na	22.99	70	イッテルビウム	Yb	173.0
12	マグネシウム	Mg	24.31	71	ルテチウム	Lu	175.0
13	アルミニウム	Al	26.98	72	ハフニウム	Hf	178.5
14	ケイ素	Si	28.09	73	タンタル	Ta	180.9
15	リン	P	30.97	74	タングステン	W	183.8
16	硫黄	S	32.07	75	レニウム	Re	186.2
17	塩素	Cl	35.45	76	オスミウム	Os	190.2
18	アルゴン	Ar	39.95	77	イリジウム	Ir	192.2
19	カリウム	K	39.10	78	白金	Pt	195.1
20	カルシウム	Ca	40.08	79	金	Au	197.0
21	スカンジウム	Sc	44.96	80	水銀	Hg	200.6
22	チタン	Ti	47.87	81	タリウム	Tl	204.4
23	バナジウム	V	50.94	82	鉛	Pb	207.2
24	クロム	Cr	52.00	83	ビスマス	Bi	209.0
25	マンガン	Mn	54.94	84	ポロニウム	Po	(210)
26	鉄	Fe	55.85	85	アスタチン	At	(210)
27	コバルト	Co	58.93	86	ラドン	Rn	(222)
28	ニッケル	Ni	58.69	87	フランシウム	Fr	(223)
29	銅	Cu	63.55	88	ラジウム	Ra	(226)
30	亜鉛	Zn	65.38	89	アクチニウム	Ac	(227)
31	ガリウム	Ga	69.72	90	トリウム	Th	232.0
32	ゲルマニウム	Ge	72.63	91	プロトアクチニウム	Pa	231.0
33	ヒ素	As	74.92	92	ウラン	U	238.0
34	セレン	Se	78.97†	93	ネプツニウム	Np	(237)
35	臭素	Br	79.90	94	プルトニウム	Pu	(239)
36	クリプトン	Kr	83.80	95	アメリシウム	Am	(243)
37	ルビジウム	Rb	85.47	96	キュリウム	Cm	(247)
38	ストロンチウム	Sr	87.62	97	バークリウム	Bk	(247)
39	イットリウム	Y	88.91	98	カリホルニウム	Cf	(252)
40	ジルコニウム	Zr	91.22	99	アインスタイニウム	Es	(252)
41	ニオブ	Nb	92.91	100	フェルミウム	Fm	(257)
42	モリブデン	Mo	95.95*	101	メンデレビウム	Md	(258)
43	テクネチウム	Tc	(99)	102	ノーベリウム	No	(259)
44	ルテニウム	Ru	101.1	103	ローレンシウム	Lr	(262)
45	ロジウム	Rh	102.9	104	ラザホージウム	Rf	(267)
46	パラジウム	Pd	106.4	105	ドブニウム	Db	(268)
47	銀	Ag	107.9	106	シーボーギウム	Sg	(271)
48	カドミウム	Cd	112.4	107	ボーリウム	Bh	(272)
49	インジウム	In	114.8	108	ハッシウム	Hs	(277)
50	スズ	Sn	118.7	109	マイトネリウム	Mt	(276)
51	アンチモン	Sb	121.8	110	ダームスタチウム	Ds	(281)
52	テルル	Te	127.6	111	レントゲニウム	Rg	(280)
53	ヨウ素	I	126.9	112	コペルニシウム	Cn	(285)
54	キセノン	Xe	131.3	113	ニホニウム	Nh	(278)
55	セシウム	Cs	132.9	114	フレロビウム	Fl	(289)
56	バリウム	Ba	137.3	115	モスコビウム	Mc	(289)
57	ランタン	La	138.9	116	リバモリウム	Lv	(293)
58	セリウム	Ce	140.1	117	テネシン	Ts	(293)
59	プラセオジム	Pr	140.9	118	オガネソン	Og	(294)

© 日本化学会　原子量小委員会

付表 10 本書に記載した化学物質の危険性

GHS (Globally Harmonized System) に基づいた化学物質の危険有害性の分類区分 (1〜5)

注）数字が小さいほど有害性が高い.「—」はデータがないことを意味しており,安全を保障するものではない（有害性 高 1 > 2 > 3 > 4 > 5 低, 不明 —）.

	高 ← → 低 不明					
有害性	**1**	**2**	**3**	4	5	—

薬品名	可燃性・発火性	経口毒性	吸引毒性	皮膚刺激性	発がん性	環境汚染
亜硝酸カリウム	—	—	—	—	—	2
亜硝酸ナトリウム	—	3	—	—	—	1
アセチルサリチル酸	—	4	—	3	—	—
アセトアニリド	—	4	—	—	—	3
アセトン	2	—	—	—	—	—
アセナフテン	—	—	—	—	—	1
アルミノン	—	—	—	—	—	—
安息香酸	—	5	—	—	—	3
アンモニア水	—	4	—	1	—	1
エタノール	2	—	—	—	1	—
エチレングリコール	—	—	—	3	—	—
塩化アジポイル(アジピン酸ジクロリド)	—	—	—	1	—	—
塩化アンモニウム	—	4	—	—	—	3
塩化カルシウム	—	4	—	—	—	—
塩化水銀	—	2	—	2	—	1
塩化スズ	—	5	—	—	—	1
塩化鉄(Ⅲ)	—	4	—	1	—	3
塩化ナトリウム	—	5	—	3	—	—
塩化マグネシウム	—	—	—	—	—	—
塩酸	—	4	4	1	—	1
過酸化水素	—	4	3	1	—	2
クエン酸	—	—	—	—	—	—
クロム酸カリウム	—	—	—	1	1	1
酢酸	3	5	—	1	—	3
酢酸アンモニウム	—	—	—	—	—	—
酢酸ウラニル	—	3	—	2	1	2
酢酸エチル	2	—	4	—	—	—
酢酸鉛	—	5	—	—	2	3
サリチル酸	—	4	—	2	—	3
サリチル酸メチル	—	4	—	—	—	—

薬品名	可燃性・発火性	経口毒性	吸引毒性	皮膚刺激性	発がん性	環境汚染
次亜塩素酸ナトリウム	—	—	—	1	—	1
シアン化カリウム	—	2	—	1	—	1
ジエチルアニリン	4	4	4	—	—	2
シクロヘキサン	2	—	—	2	—	1
N,N-ジメチルアニリン	4	4	4	3	—	2
ジメチルグリオキシム	—	4	—	—	—	—
臭化カリウム	—	5	—	—	—	—
シュウ酸アンモニウム	—	—	—	2	—	—
臭素水	—	—	2	2	—	2
酒石酸	—	—	—	—	—	—
硝酸	—	—	2	1	—	1
硝酸亜鉛(II)	—	4	—	—	—	—
硝酸アルミニウム(III)	—	3	—	3	—	—
硝酸アンモニウム	—	5	—	—	—	—
硝酸カドミウム(II)	—	3	—	1	1	1
硝酸カリウム	—	5	—	—	—	—
硝酸カルシウム	—	—	—	—	—	—
硝酸銀(I)	—	4	—	1	—	1
硝酸クロム(III)	—	5	—	—	—	—
硝酸コバルト(II)	—	4	—	1	2	—
硝酸ストロンチウム(II)	—	—	—	2	—	—
硝酸鉄(III)	—	5	—	—	—	—
硝酸銅(II)	—	4	—	—	—	1
硝酸ナトリウム	—	5	—	3	—	—
硝酸鉛(II)	—	—	—	2	2	1
硝酸ニッケル(II)	—	—	—	1	1	2
硝酸バリウム	—	4	—	3	—	—
硝酸マグネシウム	—	—	—	—	—	—
硝酸マンガン(II)	—	—	—	—	—	—
ショ糖	—	—	—	—	—	—
水酸化ナトリウム	—	—	—	1	—	3
スズ	—	—	—	—	—	—
ステアリン酸	—	—	—	—	—	—
スルファニル酸	—	—	—	3	—	3
炭酸アンモニウム	—	—	—	—	—	—
炭酸水素ナトリウム	—	5	—	3	—	—
炭酸ナトリウム	—	5	4	—	—	—
チオシアン酸アンモニウム	—	4	—	—	—	—
チタン黄	—	—	—	—	—	—

薬品名	可燃性・発火性	経口毒性	吸引毒性	皮膚刺激性	発がん性	環境汚染
チモールフタレイン	—	—	—	—	—	—
α-ニトロソ-β-ナフトール	3	4	—	2		
ニトロベンゼン	4	4	4	3	2	2
ニュートラルレッド	—	—	—	—	—	—
ネスラー試薬	—	4	—	1	—	1
ビスマス(IV)酸ナトリウム	—	4	—	—	—	—
ヒドロキシルアミン塩酸塩	—	3	—	2	2	1
フェノールフタレイン	—	—	—	—	2	—
ブロモフェノールブルー	—	—	—	—	—	—
ヘキサシアノ鉄(II)酸カリウム	—	5	—	—	—	—
ヘキサシアニド鉄(III)酸カリウム	—	—	—	—	—	—
ヘキサニトロコバルト(III)酸ナトリウム	—	3	1	1	2	—
ヘキサン	2	—	—	2	—	2
1,6-ヘキサンジアミン	—	—	—	—	—	—
ベンゼン	2	4	—	2	2	2
ポリ硫化ナトリウム	—	3	—	1	—	1
無水酢酸	3	4	3	1	—	3
メタノール	2	4	—	—	—	—
メチルオレンジ	—	3	—	—	—	—
メチルバイオレット	—	4	—	—	—	—
モリブデン酸アンモニウム	—	4	—	—	—	—
ヤシ油	—	—	—	—	—	—
ヨウ化アンモニウム	—	—	—	—	—	—
ヨウ化カリウム	—	—	—	—	—	—
硫化アンモニウム	—	—	—	1	—	—
硫化鉄(II)	—	—	—	—	—	—
硫酸	—	5	2	1	—	3
硫酸アンモニウム	—	5	—	—	—	—
硫酸銅(II)五水和物	—	4	—	2	—	1
硫酸ナトリウム	—	—	—	—	—	—
リン酸水素アンモニウム	—	—	—	—	—	3
ワセリン	—	—	—	—	—	—

さ　く　引

新基礎化学実験法

| 2020 年 2 月 28 日 | 第 1 版　第 1 刷　発行 |
| 2024 年 2 月 10 日 | 第 1 版　第 5 刷　発行 |

著　　者　　大阪大学化学教育研究会

発 行 者　　発　田　和　子

発 行 所　　株式会社　学術図書出版社

〒113-0033　東京都文京区本郷 5 - 4 - 6
TEL 03-3811-0889　振替 00110-4-28454
印刷　三美印刷 (株)

定価はカバーに表示してあります

© 2020　Printed in Japan
ISBN978-4-7806-1187-8

族周期	1	2	3	4	5	6	7	8
1	1 **H** 1.008							
2	3 **Li** 6.941*	4 **Be** 9.012						
3	11 **Na** 22.99	12 **Mg** 24.31						
4	19 **K** 39.10	20 **Ca** 40.08	21 **Sc** 44.96	22 **Ti** 47.87	23 **V** 50.94	24 **Cr** 52.00	25 **Mn** 54.94	26 **Fe** 55.85
5	37 **Rb** 85.47	38 **Sr** 87.62	39 **Y** 88.91	40 **Zr** 91.22	41 **Nb** 92.91	42 **Mo** 95.95*	43 **Tc** (99)	44 **Ru** 101.1
6	55 **Cs** 132.9	56 **Ba** 137.3	57 **La** □ 138.9	72 **Hf** 178.5	73 **Ta** 180.9	74 **W** 183.8	75 **Re** 186.2	76 **Os** 190.2
7	87 **Fr** (223)	88 **Ra** (226)	89 **Ac** △ (227)	104 **Rf** (267)	105 **Db** (268)	106 **Sg** (271)	107 **Bh** (272)	108 **Hs** (277)

□	ランタニド	58 **Ce** 140.1	59 **Pr** 140.9	60 **Nd** 144.2	61 **Pm** (145)
△	アクチニド	90 **Th** 232.0	91 **Pa** 231.0	92 **U** 238.0	93 **Np** (237)

（注）＊，†を付したものは付表 9 の 4 桁の原子量表の（注）